孩子眼中的数学世界

李洪祥 主编

北京日报出版社

图书在版编目（ＣＩＰ）数据

孩子眼中的数学世界 / 李洪祥主编. -- 北京 ： 北京日报出版社, 2018.1
　ISBN 978-7-5477-2681-5

　Ⅰ. ①孩… Ⅱ. ①李… Ⅲ. ①数学－少儿读物 Ⅳ. ①O1-49

中国版本图书馆 CIP 数据核字(2017)第 157218 号

孩子眼中的数学世界

出版发行：北京日报出版社
地　　址：北京市东城区东单三条 8-16 号 东方广场东配楼四层
邮　　编：100005
电　　话：发行部：（010）65255876
　　　　　总编室：（010）65252135
印　　刷：山东旺源印刷包装有限公司
经　　销：各地新华书店
版　　次：2018 年 1 月第 1 版
　　　　　2020 年 1 月第 2 次印刷
开　　本：787 毫米×1092 毫米　　1/16
印　　张：21.5
字　　数：310 千字
定　　价：58.00元

编 委 会

目录

一年级

二年级

三年级

四年级

五年级

六年级

生活中的数学

一年级（1）班　常博宇

妈妈在家做家务时，有时会让我帮忙。有一次，家里的 5 号电池没电了，妈妈给我 20 元，让我买 6 节南孚电池。超市里的阿姨告诉我价格是 19.8 元，我拿出 20 元给了阿姨，并跟阿姨说应该找回 2 角钱。阿姨夸我算的真快，回到家妈妈夸我真能干！我可高兴了！

【点评】你在买电池这件事上，能把学到的数学知识运用到具体问题的解决中，从中是不是感受到了数学学习很有价值？生活中有很多数学知识呢，只要留心观察，学以致用，你会发现学习数学真的很有意思！

指导教师：郝海艳

向着目标前进

一年级（1）班　陈汇文

我今年 1 月开始参加国际象棋的升级比赛，现在已经是十二级棋士，6 个月我已经升了 3 级。我离一级棋士还差 11 级，等我努力成为一级棋士就可以冲击国际象棋候补大师了。妈妈问我："如果你每年升 3 级，还需要几年实现你的理想？"我想了想：每年升 3 级，我还差 11 级，3+3+3+2=11，不到四年的时间就可以实现自己的理想了，我好期待啊！

【点评】作为一名"棋士"，你在国际象棋的学习中锻炼了自己的思维能力。现在看来，你不仅棋下得好，还能运用数学知识解决自己在国际象棋升级目标中遇到的问题。你真棒，加油！

指导教师：郝海艳

我在生活中的数学

一年级（1）班　程子润

　　今天放学妈妈和妹妹来接我了，我高兴得又蹦又跳，后来妈妈带我们去永辉超市买好吃的，我和妹妹一会儿要桃子、一会儿要苹果、一会儿又要吃巧克力，妈妈一样一样地给我们拿，后来妈妈给我50元让我去结账。我看了看，桃子12元、苹果8元、巧克力15元，哈哈一共35元，这可难不倒我。我把50元递给售货员阿姨，然后对阿姨说："阿姨您应该找我15元。"阿姨说："小伙子你真棒。"我得意地笑了笑。

【点评】你能够用数学知识解决生活中的问题，乐于思考，学以致用，真是个处处用心的好孩子。你算得这么快是不是还有什么好办法？如果把办法写出来就更好了。

指导教师：郝海艳

有用的数学知识

一年级（1）班　慈翔宇

　　今天天气晴朗，我和妈妈一起去了永辉超市买东西。我买了一盒海苔15.80元，一袋话梅5.50元，一瓶冰糖雪梨2.50元。妈妈问我："一袋话梅和一瓶冰糖雪梨一共多少元？"我想了想说："5元5角+2元5角是8元。"在收银的时候妈妈给了收银员阿姨100元，阿姨找给了妈妈76.20元。我和妈妈一起高高兴兴地回家了。

【点评】你能运用所学知识解决生活中的购物问题，学以致用，是个有心的孩子，继续努力！

指导教师：郝海艳

生活中的数学

一年级（1）班　高子煜

　　晚上妈妈拿出一瓶"药"，我好奇地问妈妈，那是什么？妈妈笑着说是"糖丸"问我吃不吃。后来我得知那是补充维生素的药片。问妈妈为什么要吃药，妈妈说这个为了让我们身体更健康。我晃了晃药瓶，听声音觉得里面的药不太多了，于是就好奇地拧开瓶盖，药瓶里面漆黑什么也看不到。妈妈看出了我的心思，问我想知道里面的药有多少吗？我点了点头，于是妈妈递给我一张纸巾，我把药片倒了出来，1、2、3……认真地数了起来，一共 19 片。妈妈看着我认真的样子笑着问我，如果我和她每天一人吃一片，这些药够吃 10 天的吗？我大脑迅速地计算着回答"不够，差一片"。妈妈又问我那该怎么办呢？我说"那我就有一天不吃就够了"。妈妈开心地笑着，还夸我聪明，这么复杂的问题都可以想明白！妈妈跟我说，其实数学没有那么复杂，就想象成游戏特别的简单，我想平时我们学习的计算题并没有妈妈问的问题复杂，我还是觉得很难，但在生活中遇到算术就觉得简单、有趣！我想了想，觉得妈妈说的有道理，其实我们生活中会遇到很多"加、减"的问题。

　　【点评】生活中处处有数学，你能联系生活实际把"难题"简单化，活学活用，真是个有心的孩子。把数学学习当成一次愉快的旅程吧！

指导教师：郝海艳

数字来源于生活

一年级（1）班　衡睿轩

　　今天是儿童节，妈妈做了饺子皮，我们一家其乐融融的在包饺子，我包了 6 个，爸爸包了 35 个，妈妈包了 30 个，爸爸说考考我的数学学得怎么样，问题是：一共有多少个饺子？6+35+30=71（个）。饺子煮好了，我吃了 8 个，爸爸吃了 30 个，妈妈吃了 20 个，妈妈说：还剩多少个？71-8-30-20=13（个），爸爸妈妈高兴地笑了，还夸我的数学学得非常好。

【点评】你的家庭学习氛围真浓啊，包一次饺子既想到用加法解决的问题，又想到了用减法解决的问题。运用情境恰当，方法正确！生活中处处有数学，处处留心皆学问，你是个用心的孩子，继续努力！

指导教师：郝海艳

参观动物园

一年级（1）班　解昀逸

　　周末爸爸妈妈带我去动物园，先走到了两栖爬行馆，里面有 6 只鳄鱼在休息，20 条蛇在吃东西，这两种动物一共是 26；接着我们又去了狮虎山，里面有 3 只白虎在休息，5 只雄狮有的在吃东西，有的也在休息；之后我们又去了大象馆，有 10 头大象，有的在吸水，有的在吃草；最后我们去了犀牛馆，里面有 5 头犀牛，有的在吃草，有的在休息。今天我在动物园里一共看到了 49 只动物，其中有我最喜欢的鳄鱼和蛇，真是高兴的一天！

【点评】通过参观动物园，又复习了加法题，生活中处处有数学，你是个会用心观察的孩子。这里面还有统计的相关知识呢，还可以尝试着绘制一个统计图，将你看到的各种动物数量的情况呈现出来，看看是不是一目了然啊！

指导教师：郝海艳

文具店中的数学

一年级（1）班　康陆涵

今天周末放假，吃完早饭妈妈要带我去文具店买文具，在去文具店的路上，妈妈对我说："宝贝，今天我们要买10支铅笔，两块橡皮，十个生字本和一个笔记本，一会儿买完后我们一起算算这些需要多少钱好不好？"我说："好啊，这样可以提高我的数学水平。"

来到文具店里，我们先去到卖笔的区域，我需要的铅笔每支要1元，10支就是10元，然后买橡皮，橡皮每块2元，两块是4元，生字本的价格是每本7角，10个7角是70角，70角就是7元，一个笔记本5元，让我算一算：10元+4元=14元，14元+7元+5元=26元，我算出来了，一共是26元，我们算的一样吗？妈妈说是一样的，我真是高兴极了。

其实我们每天都能从生活中接触到数学，比如去市场买菜，去超市买东西等，都能从中学到数学知识，只要我们用心学，就能学到更多。

【点评】在购买文具这件事中你欣然接受计算任务，看出你爱学数学，会用数学，真好！你能够用数学知识解决生活中的问题，真是个处处用心的好孩子。

指导教师：郝海艳

数学日报

一年级（1）班　康潞航

2017 年 6 月 24 日星期六

早 7∶00 起床

和姥姥妈妈一起去吉祥馄饨吃早饭，我吃了 3 个大馄饨，有点生，买了 2 碗馄饨，2 个包子，花了 39 元。

早 8∶00 妈妈去上班了，我和姥姥回家，我开始写作业。

中午 12∶00

吃午饭，我吃了 1 碗米饭，姥姥给我做了西红柿炒鸡蛋，用了 1 个西红柿 2 个鸡蛋。

下午 1∶00

我和姥姥步行出发去上英语课，走了 1 个小时，2 点钟到达教室，在教室看了一会儿动画片，3 点钟我开始上课，上到 5∶30 分放学，我算了算一共学习了 2 个半小时。然后我和姥姥步行回家。

下午 6∶00

我和妈妈一起去肯德基买了小食拼盘，花了 33 元，里边有 4 种食品，有我最爱吃的薯条，还有黄金鸡块、辣鸡腿和鸡米花。哈哈。

晚上 9∶00

我洗漱准备睡觉了。

妈妈问我从早晨 7 点起床到晚上 9 点睡觉经过了多少小时？我想起老师说过时针走一圈是 12 小时，早 7 点到晚 7 点就是 12 小时再加上两个小时正好是 14 个小时。

【点评】你能巧妙合理地运用数学知识把一天的生活记录下来，真是个用心的孩子。加油！图文并茂，生动有趣！

指导教师：郝海艳

买　糖

一年级（1）班　康芮涵

　　春节就要到了，苹苹每天都帮着爸爸妈妈准备年货，到了超市，妈妈先买了2斤块糖，觉得不够，又去买了2斤，妈妈问我一共买了多少斤糖？这么容易可难不倒我，我立刻回答4斤。妈妈又问每斤糖12元，该付多少元？我想了想说："2斤就是 12+12=24 元，那么 4 斤就是24+24=48元。"妈妈说："你真棒，都会帮妈妈算账了。"

　　【点评】你在解决买糖用了多少元钱这件事上，体现了你计算的灵活性。运用数学知识解决日常生活中的问题，真不错，继续加油！

指导教师：郝海艳

我的数学日记

一年级（1）班　李林雪

　　今天早上妈妈带我去吃早点。买了两个烧饼，每个烧饼1.5元，两碗老豆腐，每碗3元，妈妈问我一共花了多少元？我想了想：两个烧饼是1元5角+1元5角=3元，两碗老豆腐是3元+3元=6元，6元+3元=9元，我立刻告诉妈妈应该是9元，妈妈夸我算得真棒！

　　【点评】数学就在我们的身边，你看你在吃早餐的时候能应用数学知识来解决问题多好！把数学知识运用到日常生活中，学以致用，继续努力！

指导教师：郝海艳

日记——之鱼缸篇

一年级（1）班　李享澄

　　我家有一个大鱼缸，特别漂亮，里边有绿色水草，还养了五颜六色的鱼，但是缸里的鱼最近死的没有几条了，我数了数只剩 7 条。

　　今天我和爸爸妈妈决定去买鱼，又买了 9 条漂亮的小鱼，鱼缸的鱼又变多了，而且还更漂亮了，总共有 16 条呢！其中有 5 条红色的，6 条蓝色的，3 条黄色的，2 条黑色的，我看着特别喜欢，以后我会好好照顾它们。

【点评】生活中处处有数学，小小的鱼缸也有我们的数学问题，有数数、有计算，还有分类的知识在里面呢！你是个认真观察处处用心的孩子。

指导教师：郝海艳

有趣的数学

一年级（1）班　于泽妍

今天妈妈说要带我去水上乐园玩我太高兴了，9 点多我们全家人出发了来到了水上乐园，进去之后我看到了很多的黄色泳圈，有单人的还有双人的，妈妈就问我："你数一数租赁处单人泳圈有多少个？双人泳圈有多少个？"我数了一下单人泳圈有 50 个，双人泳圈有 35 个。妈妈问："一共有多少个？"我说："50+35=85 个。"妈妈又问："那我们租赁两个单人泳圈和一个双人泳圈,租赁处一共还剩多少泳圈？"我说："85-3=82 个。"家人都夸我真棒！

玩了一天，晚上回到家吃完饭后，我和姥姥整理衣服。我们把穿小的和过季的衣服整理出来。我开始挑拣衣裤，把秋天要穿的衣服装到了一个整理箱里，把夏天穿不上的衣服放到另一个箱子里，最后再把穿小的衣服装到袋子里，装好后我跟姥姥说："姥姥这不就是我们上学的时候所学的分类吗？"

【点评】你能在租泳圈的问题中用到学过的数学知识，还用分类的方法整理衣物，解决生活中的问题，真是个有心的好孩子。

指导教师：郝海艳

身边的数学

一年级（1）班　康思齐

　　今天我和妈妈去公园玩，妈妈带了很多的好吃的给我，其中有我最爱吃的车厘子。当妈妈打开车厘子的盒子时，我和妈妈说："如果弟弟也和我们一起出来玩儿就好啦，这样他也能吃到车厘子了，小弟一定会很喜欢的。"妈妈笑着说："你可以给小弟留一点啊？"我想了想说，"那我要给小弟留一半。""对了，前两天我给你讲了一半一半的问题，这次我就给你出道应用题吧，如果答对了你也不用留一半了，我再给小弟买一份，好不好？"妈妈说完对我眨了眨眼睛，好像在问我敢不敢？"没问题。"说着我就跳了起来。

　　"请听题，妈妈带了一盒车厘子，分了一半给你，你想了想，又把你的分了一半给小弟，分完后，你数了数手里还有 15 个车厘子，请问，妈妈一共带了多少个车厘子？"我想啊想，感觉头都要大了，突然想起这类问题要画一张"大饼图"，当我在心里画好图时，答案很快就算出来了，"妈妈，我知道了，是60。"我大声地说道。"答对了，思齐真是太棒了，用自己的知识帮小弟赢得了车厘子。"妈妈笑着表扬我。我心里特别特别的高兴。

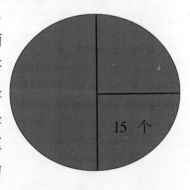

15 个

【点评】你能开动脑筋，积极思考，遇到这么难的题还会用画图的方法辅助思考，太棒了，你真是个会学习的孩子！

指导教师：郝海艳

快乐的义卖

一年级（1）班　李昊宇

　　为了迎接"六一"儿童节的到来，学校组织我们开展了义卖活动，倡导我们为患病的小朋友奉献爱心，来度过这个节日。我将自己要出售的商品标上了价格，小电动风扇标价4元，我的手工作品、本子每个标价2元，因为在数学课上，我们已经学习和认识了人民币，人民币分别有100元、50元、20元、10元、5元、2元、1元、5角、2角、1角、5分、2分、1分的面值，100元里面有10个10元，50元里面有5个10元，5个1角是5角，1元=10角，我还知道人民币有两种，一种是纸币，一种是硬币。妈妈还给我准备了30元零钱，我可以购买自己喜欢的东西，我购买了一个标价9元的彩笔，用了两个面值5元的纸币，找回一元钱。通过此次活动，我们不仅对人民币的认识和使用有了更深刻的认识，同时也奉献了自己的爱心，体会到帮助他人的快乐。

【点评】你对人民币的知识掌握得太全面了，真是个用心的孩子，既帮助了别人又锻炼了自己，在活动中不断提高、成长。

指导教师：郝海艳

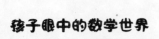

购物中的数学

一年级（1）班　赵姝瑶

　　今天妈妈带我去了新开的游乐场玩，在我们回家的路上，当我们路过超市时，我跟妈妈说想要水果和饮料，妈妈就把我带进了超市里，并且让我挑选自己想要的东西。最后我选择了 3 个苹果、2 个梨子、4 瓶可乐和 5 听雪碧。

　　在我们排队的时候妈妈问我："一个苹果 3 元，一个梨子 2 元，那么 3 个苹果和 2 个梨子一共多少元？"我想了一下回答："一个苹果 3 元，那么三个苹果等于 3+3+3=9 元；一个梨子 2 元，那么两个梨子等于 2+2=4 元。所以 3 个苹果和 2 个梨子一共是 9+4=13 元。"妈妈听到我的回答后夸我真棒！

　　然后妈妈又问我："一瓶可乐 3 元，一听雪碧 2.5 元，那么 4 瓶可乐更贵一些还是 5 听雪碧更贵一些？又贵了多少呢？"我想了一想说："4 瓶可乐等于 3+3+3+3=12 元；5 听雪碧等于 2.5+2.5+2.5+2.5+2.5=12.5 元。所以 5 听雪碧更贵，比 4 瓶可乐贵 12.5-12=0.5 元！"妈妈听了以后连连夸我厉害！我听了以后十分开心，用数学解决生活中的问题真有趣！

　　【点评】你真是个乐于思考，处处用心的好孩子。这么难的题你都能够解答出来太棒了！怎么样，用数学解决生活中的问题有趣吧？

指导教师：郝海艳

有用的数学

一年级（1）班　王睿晰

今天爸爸接我放学，我突然感觉很饿，就叫爸爸带我去吃东西。到了餐馆，要了一碗牛肉面 20 元，一份包子 13 元，爸爸要考考我。就问我一共需要付多少钱？我心里计算 20+13=33 元，立马就回答了上来，爸爸点点头，掏出 50 元交给服务员阿姨，阿姨问我应该找回多少钱？我又想：50-33=17 元，就大声地告诉了阿姨。阿姨微笑着对我说，小朋友真聪明。爸爸也夸奖我计算的又快又准确。得到表扬真让我开心。

【点评】你能够用数学知识解决生活中的问题，乐于思考，学以致用，真是个处处用心的好孩子。当用数学知识成功的解决问题后是不是也收获了成就感啊？

指导教师：郝海艳

有趣的数学

一年级（1）班　许家兴

周五我想吃冰淇淋，妈妈就带我去了超市。到了超市，选好以后去结账，售货员阿姨说两根冰淇淋总共 12 元。这时，妈妈给我提了个问题，说如果我能答得上来冰淇淋就买走，答不出来就不买了。我说："嗯，可以。"妈妈问我要怎么付这冰淇淋钱，我想了想说了一个最简单的给法：给一个 10 元的和两个 1 元的。妈妈开心地告诉我，冰淇淋可以吃了，说我答的很正确。我一边吃冰淇淋一边开心地想，原来买个冰淇淋也可以这么有趣。

【点评】我们刚刚学的人民币知识，你能够学以致用，在生活中运用数学知识解决问题，真棒！在运用数学知识解决问题时是不是很有意思，那以后要多学多用啊！

指导教师：郝海艳

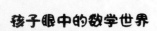

退位减法

一年级（1）班　郑少雷

今天咱们学习的是退位减法。

举个例子：37-8=29，先用 8-7=1，再用 30-1=29。最后的得数就是 29 了。同学们，告诉你们，因为 7-8 不够减，所以要把他们调换顺序减，然后再用十位的整数减这个数就得到最后的得数了。

还有一个小窍门，如果被减数的个位比减数的个位小 1，那么得数的个位一定是 9，记住这个窍门后，你做题的速度就会快多了。

这就是我在学习数学的时候想到的。同学们，数学真的很重要，如果没有了数学，咱们就不知道自己几岁了；没有了数学，咱们就不知道高楼到底有多高；没有了数学，就不知道菜有几斤几两了。让我们一起努力学习数学吧！

【点评】你真是个爱动脑筋乐于思考的孩子。你向大家介绍了退位减法的新方法，让我们大开眼界。你的日记让我们感受到数学真的很重要啊！

指导教师：郝海艳

有趣的数学

一年级（1）班 于浩然

今天，我在做爸爸给我买的课外书上的练习题时，被一道数学题给难住了："一堆西瓜，一半的一半的一半，比一半的一半少半个，这堆西瓜共有几个？"这道题目没有数字啊，可怎么计算啊，这么多的"一半"可把我搞糊涂了。我急得大声叫："这道题怎么算啊？"妈妈盯着想了一会儿，笑着说："你仔细动脑筋想一想，也可以画一画呀。"于是，我画了半天，计算了半天，就是 4 个西瓜，4 个西瓜的一半的一半的一半是半个西瓜，不就是比这个西瓜的一半的一半（1 个）少半个吗？我高兴地跳了起来！哈哈！我算出来了，这堆西瓜有 4 个！

【点评】遇到难题你能开动脑筋，积极思考，还会用画图的方法辅助思考，画画图能把复杂的问题简单化，你真是个会学习的孩子，太棒了！

指导教师：郝海艳

数字生日会

一年级（1）班　　张宣圆

2017 年 8 月 8 日是我最小的小表妹的 6 岁生日。

我和姐姐还有其他 3 个兄弟姐妹一起去她家给她过生日，阿姨给她买了一个 8 寸的漂亮蛋糕，我问阿姨："8 寸是多大呀？"阿姨说："8 寸就是 20 厘米。"

我和姐姐一起送给小表妹一套小猪佩奇的绘本，绘本分上下两册，每册 10 本，姐姐问我："圆圆，一共有多少本？"我立刻回答："一共20 本。"我心想：这么简单的问题可难不倒我。

我们兄弟姐妹一共 6 人围坐在蛋糕前，蛋糕上插了 6 根蜡烛。大家一起唱生日歌，小表妹许下了新的愿望。然后开始分蛋糕，我们数了数一共有 12 个人。阿姨说："我们要怎样分蛋糕呢？"姐姐立刻说："把蛋糕平均分成 12 份，一人一份。这样每个人就吃得一样多了。"

每个人都开心地吃着蛋糕，多么难忘的一天！

【点评】多么有心的小姑娘！在生日聚会中运用数学知识解决了问题，生活中处处有数学，只要多留心就能学到很多知识。

指导教师：郝海艳

生活中的数学

一年级（2）班　　郭恩琦

今天妈妈带我去超市购物，妈妈说："有什么想买的吗？"我想了想说："我的橡皮快用完了，要买橡皮。"妈妈说："可以，你看一块橡皮 2 元 2 角，那两块橡皮要多少钱？"我脱口而出说："4 元 4 角，这也太简单了吧，我上数学课都学过元、角、分，对我来说小意思。"妈妈又说："那我再考考你，我给收银员 5 元钱，要找回多少钱呢？"我想了想说："用 5 元 - 4 元 4 角 = 6 角。"

妈妈满意地点点头说："你真聪明！"

【点评】把书本上的"元，角，分"应用到实际生活中，你会更加理解课堂上的知识，知识来源于生活，数学就在你身边。

指导老师：钱福文

生活中的数学

一年级（1）班　丁子昊

自从我上小学就开始接触数学，便爱上了这门学科，因为生活中好多的问题都可以用数学知识解决。

记得有一天，我和奶奶去超市购买生活用品，奶奶指点商品，我来放到购物车里，同时，奶奶告诉我要把每样商品的价格记住，最后算出来。

我边拿边记："一箱奶 38 元、一桶醋 10 元、两袋馒头 10 元、两包洗衣液 16 元、一瓶浴液 21 元。"奶奶说可以了，不要拿了，去收款台结账吧。我边走边算，还没到收款台，我就告诉奶奶，我算好了，这些商品一共 95 元，奶奶又说，"给你 100 元去结账，收银员应该找我们多少元？"我很快答道："应该找 5 元。"奶奶笑着摸着我的头说："好孩子，算得不错！你看，学好数学是不是很重要啊！"我高兴地回答："是！我的数学老师郝老师也是这样告诉我的。"

【点评】你在购物的时候一边买一边记录数据，能用学到的数学知识解决购物中的问题，学以致用，你真是理财小能手啊！

指导教师：郝海艳

绘本书中的有趣数字故事

一年级（2）班　高源声

前段时间妈妈给我买的绘本故事，我觉得很有趣，绘本的主题是激励小朋友们爱写字和会认字，可我也从中关注到小昆虫用数字交流的方式。

像书中的切叶蚁先生和毛毛虫小姐有误会，切叶蚁先生要给毛毛虫小姐道歉，于是它拿了片叶子"咔嚓""咔嚓""咔嚓"咬了3个洞，其实它这3个洞是表示"我错了"，可当毛毛虫小姐收到这片有3个洞的叶子时，误以为切叶蚁先生在骂她"猪八戒"。于是，她在一片叶子上狠狠地咬了4个洞，让人交给切叶蚁先生，这4个洞其实是说"你才是呢"，可切叶蚁先生也没读懂，它们就这样误会着在叶子上咬3个或4个或更多的洞在表达它们各自的意思。

有时它们会在叶子上留下线条或很多洞的食纹，如：咬7个洞表达"这片叶子很好吃"！或咬14个小洞时则表示"我希望与你共享这这片美味的叶子"。这是不是很有趣，就凭这些或多或少的数字小洞，只要运用我们的想象力，小昆虫的世界里也是丰富多彩的。

【点评】有趣的绘本，好玩的数学数字，非常高兴你能认真地观察到这些细微的事物，世间万物都包含有数学信息，数学就在你身边！

指导老师：钱福文

超市里的数学知识

一年级（2）班　韩紫文

今天我和妈妈一起逛超市，妈妈负责挑选商品，我负责排队结账。妈妈的购物筐里一共放了三件商品：一盒酸奶，一袋薯片，一支雪糕。妈妈交给我20元，我赶快口算了一下："5元加7元9角加3元，一共是15元9角，我给阿姨20元，阿姨应该找给我4元1角。"妈妈向我伸出了大拇指，哈哈，我会买东西啦！

【点评】"酸奶、薯片、雪糕"都是生活中常见的食品，学会数学计算，以后就能自己买东西了，数学真是太有意思了！

指导老师：钱福文

神奇的磁力片

一年级（2）班　姜雅彤

我有一堆磁力片，有正方形、三角形、五角形和六角形，我数了数一共有75片。我能用它摆成一个足球，我数了数三角形用了8块、正方形用了18块。我还能用它摆成一个摩天轮，用了三角形12块、正方形24块、六角形2块。它们都是带磁力的，简单地用三四块就能拼成一个小图形。我现在知道摆的图形越复杂，用的数量就越多，用的时间也就越长。

【点评】小小的磁力片，可以变换出不同的图形，提高了图形认识能力，也开拓了自己的想象力，增强了动手能力，还积累了拼摆图形的活动经验。

指导老师：钱福文

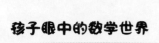

跟着小猪佩奇"学数学"

一年级（2）班　康紫晗

　　小猪乔治过 3 岁生日，爸爸妈妈和小伙伴都很高兴，只有姐姐佩奇一脸疑惑，被爸爸看了出来："佩奇你在想什么？""为什么弟弟比我小却先过生日呢？"佩奇问。小伙伴们都愣住了，只有爸爸妈妈哈哈大笑。妈妈连忙向大家解释说："佩奇是 2012 年 8 月出生的，乔治是 2014 年 6 月出生的。因为乔治是 6 月出生的，佩奇是 8 月出生的。6 月比 8 月少两个月，所以乔治比你先过生日。

　　妈妈说："那我问你个问题。"佩奇说"什么问题呀？"妈妈又说："你能算一下你比乔治大多少吗？"佩奇默默的算着……

　　1 年有 12 个月，2014-2012=2（年），2 年=24 个月，然后用 8-6=2 个月，24-2=22 个月。然后佩奇高兴地说："我比乔治大 22 个月！"妈妈满意地点点头，然后佩奇把准备好的礼物送给了乔治，乔治非常开心。

【点评】计算年龄，计算生日，理解出生的先后，小小年纪的你发现了生日中的数学信息，兴趣是开启知识的大门，加油吧！

指导老师：钱福文

超市购物

一年级（2）班　廉玮琪

在数学课上，我们学习了人民币的认识和计算。爸爸今天带我去超市购物，并让我计算商品的价格和找零。

我和爸爸一起去了"广丰购物超市"，爸爸让我购买我需要的东西，但是不能超过 50 元。我选择了一个削笔器 25.6 元、一组橡皮 2.5 元、两盒酸奶 12 元、一个储钱罐 15 元。

爸爸让我计算一下需要支付多少钱。我把数字写在纸上开始计算：25 元+2 元+12 元+15 元=54 元，0.6 元+0.5 元=6 角+5 角=1 元 1 角。所以，买的东西需要 55 元 1 角。我超出预算 5 元 1 角，只能在所有的物品中拿出 1 盒酸奶放回货架。我现在需要支付 55 元 1 角-6 元=49 元 1 角。

我把 50 元给了收银员阿姨，阿姨应该找零钱 9 角给我。我把 9 角零钱存进了我刚买的储钱罐。我的储钱罐有了 9 角的存款，我特别高兴。老师教给我的数学知识，让我学会了购物和找零，也认识了不同面值的人民币，我非常感激老师。

【点评】孩子，很高兴你能自己去超市购物了，人民币的认识离不开实际应用，要亲自动手购物，体验找零钱的乐趣，愿你能继续发现学习数学的快乐！

自己去购物

一年级（2）班　刘轩瑜

早上我和妈妈进完货回来，天气好热，我跟妈妈说："我要吃冰棍。"妈妈给了我 52 元，我买了一元五角的香芋脆皮和一个五角的老冰棍还有一瓶三元的绿茶，一共用去五元，还剩下 47 元。（1.5+0.5+3=5 元）（52-5=47 元）。

今天好开心！我不但吃了冰棍还喝了绿茶，又学会了自己去超市怎么买东西和怎么付款。

【点评】"元，角，分"加减法，被你应用到生活中，最简单的日常购物也包含着很多数学信息，静下心，你会发现数学的乐趣！

指导老师：钱福文

陪妈妈去买菜

一年级（2）班　李金成

今天是星期六，我陪妈妈去菜市场买菜，到菜市场后妈妈告诉我今天带了 60 元钱，等会买菜时让我算账。我当时就紧张了起来，心想这怎么算？妈妈选了 5 元黄瓜、11 元西红柿、20 元鸡蛋还有一条 18 元的大鲤鱼。售货员阿姨问我应该多少钱？我一想这不就是数学里的加法减法嘛！心中列式"5+11+20+18=54，这是 60 元您应该找给我 6 元"。我把剩下的钱给了妈妈，妈妈十分高兴。通过这次买菜算账，我体会到了数学的乐趣和必要性！

【点评】理解数学知识，体会数学实际应用的乐趣！一次买菜，加深了对"元、角、分"的理解与应用，也锻炼提高了你的数学口算的能力。

指导老师：钱福文

超市里的人民币

一年级（2）班　龙雨萱

　　今天，我们学习了认识人民币。我知道了人民币有 100 元、50 元、20 元、10 元、5 元和 1 元，还有 5 角、1 角和 5 分、2 分和 1 分。人民币的单位有元、角、分。我还知道了 1 元＝10 角，1 角=10 分。

　　下午放学到家，我告诉妈妈，我今天学会了认识人民币，我可以自己买东西，妈妈就带我去了超市。我买了一箱奶 49 元，一袋薯片 6 元，还有一盒口香糖 10 元。排队结账的时候，妈妈问我一共花了多少钱？我想了一下，把 49+6+10=65（元），应该付 65 元。妈妈给了我 100 元，问我应该找回多少元？我用 100-65=35（元），告诉妈妈应该找回 35 元，妈妈夸我真棒！

　　我发现，在数学的学习过程中也有这么多的乐趣！

【点评】人民币的知识，只有真的应用到实际生活中，理解了，使用了，才能做到熟记熟用，掌握的数学知识越多你的本领就越大，愿你能体会到数学知识的乐趣！

指导老师：钱福文

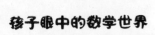
我帮妈妈买水果

一年级（2）班　鲍浩鸣

今天，妈妈给我 10 元钱，叫我去买水果，我买了一袋苹果 5 元，一袋草莓 4 元。

售货员阿姨考我，两袋水果多少钱？我在心中列式：5+4=9（元），很快说出了 9 元，售货员接着又问："我还给你找多少元？"……10-9=1（元），我说，还要找 1 元。售货员阿姨夸我真棒，我心里很高兴！

回到家里，我把剩下的钱给了妈妈，妈妈满意地笑了。

【点评】简单的数学计算，帮你完成了日常购物，学习人民币，使用人民币，走进数学世界，你会发现生活处处蕴藏着知识。

指导老师：钱福文

数学中有趣的故事

一年级（2）班　何双菲

今天是周日，妈妈给我列了一张购物单，对我说"你现在可以自己去超市买东西了"，我还是第一次自己去呢，我高兴地就去了。

到了超市我推了一个儿童车，（超市专用的太高，我够不到）买苹果 12 元，火龙果 8 元，一袋盐 3 元，还买了爱吃的薯片 7 元，还没付钱时，我算了算，一共加起来是 30 元，妈妈给我 50 元，还会剩 20 元，收完钱一对，和我算的一模一样，回家后妈妈表扬了我，我心里想老师教的知识真管用，以后我要好好学习，长大以后做更有用的事。

【点评】小小的年纪就可以去超市购物了，数学的用途可真不小！多多学习，把你的数学知识，早日变成你生活中的工具吧！

指导老师：钱福文

吃水饺

一年级（2）班　梁清硕

今天晚上，我和爸爸妈妈姐姐吃水饺。妈妈吃了 15 个，爸爸吃了 25 个，姐姐吃了 20 个，我吃了 6 个。其中爸爸吃得最多，我吃的比爸爸少得多。吃完后，我算了算，我们一共吃了 66 个水饺。

同学们，你能根据我写的日记算一算，是不是 66 个呢？你们一定没问题吧！

【点评】边吃饺子，边数数，这是每个小朋友小时候都会做的"数学游戏"，"多一些，少一点"这是数学课上的知识，很高兴你从生活中发现了数学信息，不断探索吧，数学就在你身边！

指导老师：钱福文

我的数学"难题"

一年级（2）班　刘梦越

今天老师发了一张数学练习卷子，其中有一道题："今年乐乐和妈妈的年龄和是 38，两年后他们的年龄和是多少？"我觉得好简单，写了个 38 加 2 等于 40。后来妈妈检查卷子的时候说这道题不对，让我仔细再想想。

"两年后乐乐长了 2 岁不就是再加 2 吗？"难道？突然，我明白了，2 年后乐乐长了 2 岁，妈妈也长了 2 岁啊，应该是加 4。妈妈看着我，笑着说："虽然你想让妈妈永远年轻，但是做题一定要严谨啊！"

【点评】"我在成长，妈妈也在成长"，看似简单的问题，却包含着巧妙的数学知识，带着你的好奇心走进数学世界吧，有趣的知识在每次细心的思考中等着你！

指导教师：钱福文

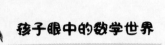

我和数学有个"约会"

一年级（2）班　孙浩宸

　　我有个朋友，他的名字叫数学，我们已经认识一年了。我和他约定，要做知心的好朋友！

　　想起我们友谊的发展史，一切都历历在目，有欢笑也有尴尬。

　　记得一个周末，妈妈带我去超市购物，在结完账算零钱的时候，我主动请缨，想帮妈妈算出找零的金额。面对着百位的加减法，我瞬间觉得小脑袋不够用了。看到收银员阿姨和妈妈关注的目光，我脸色通红。非常后悔平时的学习中忽视了我的数学朋友，他好像生气了，在我需要他的时候他离开了我。我暗暗在心中提醒自己，我一定要找回我的好朋友，并要和他约定做知心的好朋友，用学习成绩来证明我们的友谊。

　　【点评】是啊！数学这个好朋友，我们每个人都离不开它，抓住机会，多练习，多使用，别让数学远离你的生活！

指导教师：钱福文

我生活中的数学

一年级（2）班　王博轩

　　有一天我问妈妈：学习数学有用吗？妈妈对我说："给你讲一个你两岁时候的事吧。有一次，你和妹妹一起玩小球。你有五个球，妹妹也想要一个。你不给，你姥姥偷偷拿走一个球给妹妹，以为你发现不了，你哭着跟姥姥说丢了一个球，姥姥说不会，这是五个球。你给姥姥数数，一个两个三个四个，没有五个，少一个。姥姥笑着说，这么小的孩子就会数数，蒙不了他了，如果当时你不会数数，小球少了你就不会发现。"

　　现在你们学习了加减法和数钱币，咱们出去买东西就知道买的东西一共需要多少钱，需要找你多少钱，这些都是数学。

　　我对妈妈说："妈妈我明白了，数学在我们的生活中真的很重要，和我们的生活息息相关，我一定要学好数学。"

【点评】无论你小时候数球的故事，还是妈妈和你说的购物的事，都让我们看到了，你已经感受到了数学是很有用的。"数一数"是一年级数学入门的知识，也是生活中常用的数学本领，打开数学世界的大门，你会发现不一样的神奇天地！

指导教师：钱福文

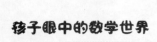

汽车后座的秘密

一年级（2）班　王麓尧

　　我和刘子昊是励步英语的同学，每周末我们都一块儿坐车上学，一块儿坐车回家，汽车后座成了我们讲故事，做比赛算题、成语接龙等游戏的园地。

　　有一天回家的时候，刘子昊问了我一个问题："从1加到100等于几？"我说："一个一个的加太难了，回到家之前也算不完啊。"刘子昊说："不难不难，你看1加100等于101，2加99等于101，以此类推，一直到50加51，一共50个101，就是5050。"我一想，真有道理，我又学会了一道题，真开心啊！这就是我们在汽车后座的秘密，你知道了吗？

　　【点评】数学非常有趣的一个板块就是"认识规律"，开动脑筋，探索规律，发现解题捷径，让数学思维在你的生活中慢慢出现吧！

指导教师：钱福文

我生活中的数学

一年级（2）班　王镜涵

　　我是北京印刷学院一年级（2）班的一名小学生，这个学期我们学习了中国的货币"人民币"，我知道了元、角、分是人民币的单位。

　　今天我要自己去"花钱"，妈妈给了我 10 元，我买了 3 瓶矿泉水，爸爸的、妈妈的和我的，每瓶水的价格是 2 元，我心里暗暗地算着账，把 3 瓶水递给了收银的阿姨，阿姨说："一共 6 元。"我信心十足地说："给您 10 元，找我 4 元。"阿姨夸我算的又快又对，我很高兴，妈妈说："你终于可以打酱油了。"哈哈。

【点评】鼓起勇气帮妈妈干活，开动脑筋把事情做得更好，好好学习数学，在生活中，你总能用到它！

指导老师：钱福文

帮妈妈买菜

一年级（2）班　杨紫雄

　　今天周六，我和妈妈在家，我和妈妈一起做饭，发现家里的葱没有了，妈妈就给了我 5 元钱，叫我去买一根葱。我买了一根葱 1 元 5 角，又和妈妈去打了一桶水 2 元五角，回来后妈妈问我咱一共花了多少钱啊？我在纸上写出了：5 元-1 元 5 角-2 元 5 角=1（元），很快地算出花了 4 元。

　　妈妈夸我真棒，我心里很高兴，我把剩下的钱给了妈妈，妈妈满意地笑了。

【点评】把数学课上的知识运用到生活实践中，你做得真好！人民币的知识来源于平时生活，只有真正使用，才能理解它，把它变成自己的本领和技能。

指导老师：钱福文

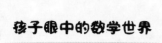

音乐课中的数学知识

一年级（2）班　刘添翼

今天，我去合唱团上课了，老师给我们讲了全音符，二分音符，四分音符，八分音符，十六分音符都是几拍，我总是记不清楚。

回家后，妈妈拿来一个大西瓜。妈妈说："这个西瓜就好比全音符。"她从中间切一刀，把西瓜分成同样大小的两块，这样其中的一块就是西瓜的二分之一，她又把这两块各切一刀，这样就把西瓜分成了同样大小的四块，这样拿出其中的一块就是西瓜的四分之一。妈妈说："这西瓜的四分之一就好比四分音符，四分音符是一拍，那么二分音符是几拍？"我想了想说："二分音符是二拍，因为两个四分音符就是一个二分音符，四分音符是一拍，两个四分音符就是两拍！""说得对！"妈妈高兴地说，"那么全音符是几拍？""是四拍！因为全音符就是四个四分音符。"我兴奋地说。妈妈说："那么，你想想八分音符是几拍？"我拿起西瓜想了又想，把西瓜分成两块，其中一块就是二分之一；把西瓜分成四块，其中一块就是四分之一，那么把西瓜分成八块，其中一块就是八分之一喽！"哈哈，八分音符是二分之一拍，因为两个八分音符是一个四分音符！"我激动地说。

小朋友们，我们一起想一想十六分音符是几拍呢？

【点评】利用切西瓜来理解音乐课的乐理知识，根据数学知识，理解不同节拍，孩子，你是学会了数学知识，还会灵活运用了！多多发现吧，每个学科之间都有知识的贯通和迁移，希望你能动手动脑去探索其中的奥秘！

指导老师：钱福文

"魔力"七巧板

一年级（2）班　张海楠

　　今天，老师教我们认识了七巧板，七巧板是由一个平行四边形、一个正方形和五个三角形组成的。

　　我们在日常生活中离不开七巧板中的基本的平面图形，七巧板可以拼出有趣的图形，比如大树、房子、小女孩和小猫等。只要我们努力学习，爱动手操作，七巧板的用途可大了，可好玩了。

【点评】"神奇"七巧板，几个简单的图形，可以拼凑变换出无穷的世界，在游戏中动脑动手，不断进步。多多动手吧，你会感受到七巧板的"魔力"！

指导老师：钱福文

我生活中的数学

一年级（2）班　赵柏屹

　　今天有客人来我家做客吃饭。在吃饭前妈妈让我准备碗筷，让我算一下一共需要多少副碗筷。我想了想，我们家有四口人，大爷家有三口人，还有爷爷奶奶两个人。那么就是 4+3+2=9。然后我对妈妈说需要九副碗筷。

　　妈妈说："这次你没一个人一个人的数呀！"我骄傲的对妈妈说："是我自己算的。"妈妈夸我真棒！

【点评】老师为你感到骄傲，因为你不仅学会了加减法计算，还养成了使用加减法的好习惯，多多探索数学世界吧，它会让你的生活变得更简捷！

指导老师：钱福文

33

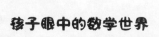

趣味图形推理题

一年级（2）班 张岚熙

周末钱老师出了很多拓展题，非常有趣味性，我最喜欢的是图形推理题，下面，我跟大家分享一下其中一道题的解题思路：

▲＋▲＋▲＋★＋★＝14　　　★＋★＋▲＋▲＋▲＋▲＋▲＝18

▲＝（　　　）　　　★＝（　　　）

【我的思路】

第一个算式：14 里面有 2 个★，3 个▲

第二个算式：18 里面有 2 个★，5 个▲

两个算式里★数量相等，第二个算式比第一个算式多 2 个▲，18-14=4，4 就是多出来的 2 个▲的和，也就是▲＋▲＝4，那么▲＝2。

因为 2+2+2+★＋★＝14，★＋★＝14-2-2-2=8，所以★＝4。

【我的结论】

▲＝（ 2 ）　　　★＝（ 4 ）。

同学们，你们觉得有趣吗？

【点评】聪明的小姑娘，两道算式之间的关联和秘密被你发现了，"代换"思想是解决数学问题的钥匙，也是解决生活中困难的捷径，开动脑筋，你会发现更多数学乐趣。

指导老师：钱福文

拍球比赛

一年级（3）班　白林冉

　　今天放学后，我们写完作业妈妈提议说："咱们去楼下拍球比赛吧"，我和姐姐高兴地答应了。到了楼下比赛开始了，姐姐拍了 23 下，我拍了 28 下，妈妈拍了 45 下。妈妈问我们三个人一共拍了多少下？

　　我想起我在学校数学课上老师教我们的两位数加两位数的计算法，相同的数位要对齐，先从个位算起，个位相加满十向十位进 1。列式计算：23 下+28 下+45 下=96 下，妈妈听了我的答案后说我计算得非常好，得到妈妈的夸奖我好开心。

【点评】能够在游戏活动中自觉运用数学知识来解决妈妈提出的问题，并且对两位数加法的计算方法进行了阐述又巩固了一遍所学习的知识，非常好！数学的学习是不是很让人长本领啊？

指导老师：李小琴

买酸奶

一年级（3）班　郭春晨

　　今天星期五，放学后爸爸和妈妈带我去照相。结束后我们去逛超市买东西。我拿起了一瓶酸奶，妈妈问我："知道这瓶酸奶多少钱吗？"我告诉妈妈说："看上边标着是 4 元。"爸爸问我："如果给你小弟弟和你都买一瓶需要多少钱啊？"我算了一下，应该是 4+4=8 元。爸爸笑了笑说对了。妈妈又问我："给爸爸、妈妈、小弟弟和你都各买一瓶，你还知道一共要付多少钱吗？"我想了想，应该是 4+4+4+4=16 元，妈妈说："嗯，这小家伙儿还真是长大了，以后买东西会算账了。"

【点评】你在买酸奶这件事中想到用加法来计算。从给 2 个人买到给 4 个人买，越来越复杂，但是你已经发现道理是相同的，这说明你已经深刻理解了加法的含义，掌握了计算的方法。

指导老师：李小琴

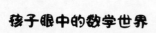

超市购物

一年级（3）班　白昕冉

今天放学后，我、妹妹和妈妈一起去超市买东西。我们先买了一盒八喜冰激凌 22.8 元，又买了 4 个桃子 15.8 元，一袋鸡翅 30.6 元，一桶酸奶 14.8 元。妈妈让我去结账。我要付多少钱呢？

我想起在学校数学课上学过钱币的计算方法。相同单位的数相加减，元和元相加减，角和角相加减，分和分相加减。单位不同时统一单位后再加减。列式计算：22.8 元+15.8 元+30.6 元+14.8 元=84 元。妈妈听了我的答案后，说我计算得非常好。我也很开心。

【点评】在面对购物中付账问题时，能够自己应用学习到的数学知识来解决问题，学以致用。数学学习能够帮我们解决很多生活中遇到的问题，以后只要你多留心一定会有更多的发现。

指导老师：李小琴

数学日记

一年级（3）班　高鹤颐

　　今天，爸爸、妈妈下班都很累了。于是，我们决定晚饭在外面吃。我家附近新开了个"吉祥馄饨"，我们都想去尝尝。到了那儿，妈妈点了个全家福套餐：24元；爸爸点了个虾肉馄饨：18元；我点了一个蟹肉馄饨：20元。爸爸说："鹤颐，我们要付多少元呢？""24+18=42（元），42+20=62（元），一共要付给阿姨62元。"我得意地说，"这道题我会，您可难不倒我，老师还告诉我们在计算时要数位对齐，别忘了加上进位的呢！"爸爸惊奇地看着我说："闺女，你真棒！能说得这么清楚，一看就是上课认真听讲了。"听了爸爸的夸奖，我心里也美滋滋的。

　　【点评】将所学数学知识用于餐厅消费的计算，能够学以致用。数学学习好了会让你变得更加自信，你会觉得生活中到处都可以用到数学，留心观察啊！

指导老师：李小琴

有趣的数学

一年级（3）班　韩鼎奇

今天姥姥给我买了两本数学书：《趣味数学思维游戏》和《中国华罗庚学校数学课本》。

可是我就爱看故事书，对数学书没兴趣。姥姥说："宝贝，这里有游戏可以玩，还可以学到很多数字知识。"姥姥还给我讲了华罗庚爷爷的故事。我翻开《趣味数学思维游戏》这本书，被移动火柴的这个游戏吸引了，比如 12-18=6，我心想这是不是写错了？这时候只要移动一根火柴，就变成了 12=18-6，这题就对了。

玩了几次成功后我越来越喜欢数学了，也越来越喜欢这本书了。

【点评】选题比较新颖，采用了更具趣味性的火柴游戏，说明了自己已经感受到了数学学习的乐趣，喜欢上了数学。如果能更详细地叙述移动火柴的具体方式，则会更好。

指导老师：李小琴

吃饺子

一年级（3）班　康宇宸

今天我放学回家，我妈妈给我包饺子吃，是我最爱吃的茴香馅的。妈妈一共包了 98 个，我吃了 14 个、妈妈吃了 20 个、爸爸吃了 40 个，我们一共吃了 74 个，还剩 24 个。然后我又喝了 3 碗汤、妈妈喝了 1 碗汤、爸爸喝了 2 碗汤，我们一共喝了 6 碗汤。我今天吃得好饱啊！

【点评】吃饺子、喝面汤、数数、计算，你将数学知识用在具体的生活情境中。让我们感受到小小的事情上，只要用心就会发现原来和数学也有着密切的联系，你很棒哟！

指导老师：李小琴

我会买单了

一年级（3）班　刘珅彤

今天我们去饭店吃饭，吃完饭后妈妈说考考我的算数让我去结账。我去问服务员阿姨一共多少钱，阿姨说 328 元。然后我去跟妈妈要钱，妈妈给了我 350 元，让我去结账，看我算的对吗。我一边走一边在心里算，350 元减去 328 元等于多少呢？我先算 50 减去 28 等于 22，300 减去 300 等于 0，应该找给我 22 元就对了。回去后妈妈夸奖了我！数学真的太好了，以后我可以自己去买东西了！

【点评】熟练地将所学数学知识应用于餐厅消费计算，并且还简化了计算方法，你很聪明啊！

指导老师：李小琴

我当小老板

一年级（3）班　李子航

　　晚上，我和妈妈提议："妈妈，我们玩个游戏吧？"妈妈："好呀，什么规则？"我："假装我是卖货老板，你是顾客，我们玩买东西的游戏。"妈妈马上进入角色："李老板，你这有排骨吗？晚饭我要给我儿子做个红烧排骨。"我："您好，排骨呀，18元1斤，您要多少？"妈妈："给我2斤，多少钱？"我："2斤36元。"妈妈："好的，我还要买3斤苹果，多少钱？"我想了十几秒钟，说："苹果1斤4元5角，3斤一共13元5角，加上刚才的36元，一共49元5角，5角免了，收您49元。"妈妈很高兴，没想到我算账还挺快，还会多买少算呢。

　　妈妈又问："对了，李老板，你这卖床垫吗？我的床垫不太舒服，睡觉腰酸背痛的。"我听了妈妈的话，很心疼妈妈，翻身下床，跑到床头柜旁边，从抽屉里拿出我的压岁钱，说："妈妈，床垫多少钱？我的压岁钱够给你换个床垫吗？"妈妈听了我的话，很是高兴，抱着我说："儿子真是长大懂事了，平时你自己都不舍得花，却舍得给妈妈买东西，家里有你这懂事的宝贝儿，太幸福了！"

【点评】非常好，不仅在模拟生活场景中熟练地应用了数学知识，而且还表现了对妈妈的关心，心存孝心，值得表扬。

指导老师：李小琴

我是购物小助手

一年级（3）班　刘欣怡

今天，妈妈带我去超市买东西，妈妈买了一箱牛奶，对我说："宝贝，你帮我看看这一箱奶多少钱？"我看了下货架上的价签，说："48元！"妈妈问我："如果买两箱牛奶，需要付多少钱呀？"我说："48+48=96元！"妈妈夸我真棒！

我们又来到蔬菜区，妈妈告诉我：一般买蔬菜和水果都需要称重，我还帮妈妈算出了她买的蔬菜的价格，妈妈表扬了我！买完东西，由于排队结账的人很多，我们选择了自助结账，这还是我第一次用自助结账呢！

今天，我学会了好多，我还要努力学习更多的知识，以后就可以帮妈妈去超市买东西了！

【点评】你能在超市购物的具体情境中用加法解决付款问题，做到了学以致用。在这次超市购物中你发现了很多知识也长了见识，很好！

指导老师：李小琴

小小统计员

一年级（3）班　屈铭昊

今天我跟妈妈一起去超市买东西。路过了 13 个红绿灯，我最喜欢红绿灯了。红灯亮了，我们最多要等上 70 秒钟，最少要等待 35 秒钟。绿灯亮了，我们才能过马路。

到了超市妈妈给我买了一辆玩具警车标价 32 元，妈妈付款 50 元。售货员阿姨找回妈妈 18 元（50 元—32 元=18 元）。我可喜欢我的玩具警车了。

【点评】你在去超市购物时，留心观察到了很多和数学有关的信息。不仅数了多少个红绿灯，还感知了等灯时时间的长短，还解决了付款问题。说明你是一个很用心的孩子，也可以看出你是一个遵守交通规则的孩子！

指导老师：李小琴

我会算了

一年级（3）班　孟悦琳

今天爸爸带我去超市买东西，还让我自己买喜欢的文具。我挑了一包漂亮的铅笔，又挑了一把粉色的尺子。爸爸给我 20 元，让我自己去收银员那里结账。我自己算了一下，铅笔是 8 元，尺子是 5 元，加起来一共是 13 元。我给收银员阿姨 20 元，对她说应该找我 7 元。收银员阿姨扫了铅笔和尺子后，笑着对我说："小朋友，你算对了。"

【点评】去超市购物是我们经常经历的事情。这次去购物你利用学到的数学知识解决了付款问题，是不是觉得数学学习很有用啊！只要你留心，生活中还有很多数学知识呢！

指导老师：李小琴

神奇的数学

一年级（3）班　沈慧鑫

今天晚上写完作业，妈妈说要教我学折纸蝴蝶，我高兴极了！

妈妈先递给我一张 A4 纸说："我们先把纸以底边一角为中心折出一个大三角形，然后把多余的部分剪掉，把大三角打开我们就会得到一个正方形啦！"照着妈妈的样子我也剪出来个正方形。然后再对边折正方形就又变成了长方形。再学妈妈的方法折了几下一只漂亮的蝴蝶就折出来了。我拿着蝴蝶高兴地说："妈妈这一张纸通过几种不同的图形转换就能折出这么漂亮的蝴蝶，数学可真是无处不在，太神奇啦！

【点评】在折纸的过程中不仅蕴含着丰富的图形知识，而且在操作中锻炼了自己的动手能力和想象力！图形可以让我们的生活增添很多美！

指导老师：李小琴

买书记

一年级（3）班　孙凯璇

今天妈妈带我到图书馆买书，我选了两本书各为《朵拉》和《脑筋急转弯》。妈妈告诉我，《朵拉》这本书 10 元，《脑筋急转弯》比《朵拉》贵 5 元，妈妈问我两本书加起来一共多少钱？我思考了一会儿，用 10+5+10=25 元，我告诉了妈妈这个答案，妈妈说对，我女儿真聪明！

【点评】同样是在写购物中的数学问题，但是妈妈给你提出的这个问题还是很富有挑战性的。你在解决这个问题时能够认真思考，顺利解决，很棒！

指导老师：李小琴

我生活中的数学

一年级（3）班　李可普

　　今天吃晚饭的时候，我在餐桌下面发现了一小罐曲奇饼干。当时看着罐子上都有了一层灰，我拿起来看了一下，随口说2016年生产的。妈妈听见了说："肯定过期了，别吃了"。

　　我说那让我来看看是不是真的过期了，仔细看了一下罐子上的标签，生产日期2016年12月23日，保质期60天。"这样的话，12月份一共31天，31-23=8天，1月份31天，2月份28天，8+31+28=67天，超过了60天。啊！2月份就已经过期了。"我惊讶地说。

　　然后，我一本正经地说："姥爷，以后买完的食品要想着吃，过期就不能吃了，这是浪费食物的行为，是不对的。"姥爷笑眯眯地对我说："好的，姥爷知道了，以后注意。"

【点评】充分利用年、月、日的知识来判断食品是否过保质期。题材新颖，很好地体现了数学知识的应用价值。还表现出了节约食物，避免浪费的意识，值得表扬！

指导老师：李小琴

数学日记

一年级（3）班　宋时蔚

今天，我和妈妈去永辉超市买零食了。我们购买了两袋薯片 2 元 7 角+2 元 7 角=5 元 4 角，4 瓶酸奶 2 元 1 角+ 2 元 1 角+ 2 元 1 角+ 2 元 1 角=8 元 4 角，和 2 个抱枕 13 元+13 元=26 元。妈妈付给收银员 50 元，收银员找给我们 50 元-5 元 4 角-8 元 4 角-26 元=10 元 2 角。我们高兴地回家了。

【点评】将超市购物中的数学信息与问题解决联系到一起，并正确计算解决问题，体现了对数学知识的理解和运用。并且还配有超市购物的插图，很好。

指导老师：李小琴

我的人民币我做主

一年级（3）班　苏小冉

6 月 25 日上午我们一家回庞各庄玩，家里来了好多人。我和我的双胞胎妹妹一起玩。快到中午的时候，奶奶给了我 10 元钱，让我带妹妹们一起去超市买零食。买了一袋薯片 3 元。一共买了 6 块糖，每块糖 0.5 元，花了 3 元。给了收银员阿姨 10 元，找给我 4 元。我们高高兴兴回家了，把剩下的钱交给奶奶了。

【点评】通过买东西这件事，可以看出数学知识是来源于生活的，同时也会应用在生活中，所以学好数学很重要。你看你学习了数学知识都能独立去购物了，数学很有用吧！

指导老师：李小琴

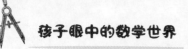

认识人民币

一年级（3）班　王艾溪

今天，我和妈妈去超市，结账时妈妈给了我 100 元。收银员阿姨说要 86 元，于是我给了阿姨 100 元，阿姨找了我 14 元，然后我把钱给了妈妈。就这样我知道了 100-86=14。今天我不仅帮了妈妈一个忙，还学会了一道算式题和认识了人民币。

【点评】通过去超市买东西遇到的数学问题与学习的数学知识联系到一起，是不是更有助于你理解所学习到的数学知识。以后也要学会用学到的数学知识尝试解决问题啊！

指导老师：李小琴

在超市学习

一年级（3）班　张语熙

今天我和妈妈去超市，妈妈说价钱算对才能买东西。我选了一个面包 4 元，一罐牛奶 3 元 5 角，加起来一共需要花 7 元 5 角，妈妈给了我 10 元，我一开始算成了需要找 3 元 5 角，算错了。超市的阿姨教我算法，用 10 元先减 7 元等于 3 元，用 3 元再减 5 角，所以应该是需要找 2 元 5 角，算对了终于可以把面包和牛奶买回家啦！

【点评】结合生活中的场景，叙述了真实的事件。在学校里你学习了当前数位不够减的情况下如何计算。你看超市的阿姨在计算这个问题时结合了自己的工作经验很灵活。是不是也可以活学活用啊！

指导老师：李小琴

一年级

二年级

三年级

四年级

五年级

六年级

我是购物小达人

二年级（1）班　张梓彤

我发现数学就像空气一样，它时时刻刻围绕在我们的身边，只要认真寻找就会发现它的存在。

今天，我和妈妈一起去超市买酸奶。

一踏进酸奶区，琳琅满目的酸奶让我眼花缭乱，最终我锁定了两款酸奶，不仅因为口味是我没有尝过的，还有就是商品上贴有买赠的标志。这是商家促销的一种手段，对于我这种购物小达人来说，当然是不会放过这么好的机会的。

我看中的两款，第一种：8.9元一个是买二赠二，第二种：7.6元一个买二赠一，为了比较哪个更划算，借助手机计算器我仔细计算了一下。

（1）$8.9 \times 2 = 17.8$（元）　　$17.8 \div (2+2) = 4.45$（元）

（2）$7.5 \times 2 = 15$（元）　　$15 \div (2+1) = 5$（元）

最终我得出了结论：买二赠二更便宜。在看过保质期后，我买下了第一种酸奶。看着手中的酸奶，我很有成就感。

亲爱的同学们，和我一起在生活中玩转数学，感受知识带来的快乐吧。

【点评】你真是一个会思考的孩子！不仅能够运用数学知识来解决生活中的问题，还能把自己的思路清晰地表达出来。真是一个不折不扣的购物小达人。

指导教师：王　骏

数学日记之小怪兽

二年级（1）班 张 周

二年级下半学期开始学解决问题了，比如：师生们用 3 天时间一共种了 127 棵树，第一天种了 47 棵，第二天种了 50 棵，问第三天种了多少棵？再比如：一堆棋子按照二黑三白的顺序排列共 24 个，第 24 个是什么颜色？其中黑白棋子各有多少个？……

哎呀，看到这些题我的头感觉都大了，一时想不出从何下手，理不清一个头绪来，老师上课讲的时候，我都懂，可是自己一做题的时候就不会做了。回到家里直跟妈妈着急。妈妈看着我，笑着对我说："不要着急，遇到问题需要思考，只要我们有方法、有思路，不管多难的题我们都能解决出来。"

这样吧，我们把这些难题都当成一个个小怪兽，每天攻破一道题，就像打掉小怪兽身上的一个器官，直到把小怪兽打死我们就胜利了。爸爸还向我们保证，只要我们能打败小怪兽，就请我们吃必胜客！妈妈也说，我要是能自己战胜小怪兽就给我买我喜欢的《乐高创意大全》。耶！我一下子就精神起来，决定从现在开始每天坚持打小怪兽。

看到一道题，首先要认真读题，至少要读两遍，再把重点圈出来，看问的是什么，比如，一共多少个、平均多少个、还剩多少个。然后再用画图的方法对问题进行分解，思考。比如：修一条公路，工人叔叔每天修 9 米，修了 5 天还剩下 36 米没有修，这条路要修多少天才能修完？

这道题问的是这条路要多少天才能修完，用画图来表示，首先算出这条路一共有多少米，5 乘以 9 是用了 5 天修的，再加上还剩下的 36 米，这条公路一共长 81 米，题里已经给出了每天修 9 米，那么要用 81 除以 9，最后得出用 9 天才能修完这条公路。

还有一种算法呢，用剩下的 36 米除以 9 等于 4，再用已经用了的 5

天加上这 4 天也等于 9 天。

我有一本小学奥数举一反三，这里藏了好多好多难缠的小怪兽，我每天做一道题，争取早日打败小怪兽，早日吃上比萨拿到《乐高创意大全》。

我想了想和妈妈说，其实不止数学难题是小怪兽，我有好多好多要学习的知识和要改掉的坏毛病都是小怪兽，等我把小怪兽打败了，我就成功啦，哈哈。

【点评】孩子，其实只要肯于动脑筋，很多问题都会迎刃而解。老师很高兴你遇到不理解的题时，能够用画图的方法来帮助你，而且能够用不同角度去思考问题，你真棒！

指导教师：王　骏

玩具中的数学知识

二年级（1）班　于妍笑

今天是个大晴天，空气特别好。爸爸妈妈带我去荟聚中心玩，我们去了三层的玩具反斗城。

我想买一个大玩具，爸爸说："用你自己的零花钱买吧。"我看了一下玩具的价钱是 520 元。我算了一下，我的零花钱每天 5 元，每周就是 5×7=35 元，每个月就是 35×4=140 元；我又算了一下，每个月 140 元，那三个月是 140+140+140=420 元，四个月是 140+140+140+140=560 元，也就是说我至少需要攒够四个月的零花钱才能买这个玩具！

好吧，从今天开始，我要开始学着攒钱啦。

【点评】你能够清晰地把自己的想法表达出来，数学思维性很强，希望你能够坚持写数学日记，把生活中的数学记录下来。

指导教师：王　骏

奇妙的数学

二年级（1）班　解明阳

今天，爸爸给我说了一个有趣的数学问题：

有3个人去投宿，一晚30元。三个人每人掏了10元凑够30元交给了老板。后来老板说今天优惠只要25元就够了，拿出5元让服务生退还给他们，服务生偷偷藏起了2元，然后，把剩下的3元分给了那三个人，每人分到1元。这样，一开始每人掏了10元，现在又退回1元，也就是10-1=9，每人只花了9元，3个人每人9元，3×9=27，再加上服务生藏起的2元，一共等于29元，还有1元去了哪里？

我想呀想呀怎么也想不通，明明是30元，怎么就少了1元，成了29元呢？我问爸爸："这是怎么回事呢？"爸爸笑了，说："这个问题当时可难住了很多人呢！这是算法的错误，我刚知道的时候也迷糊了，呵呵！下面我来告诉你：

那三个人一共出了30元，花了25元，服务生藏起来了2元，所以每人花了九元，加上分得的1元，刚好是30元。因此这1元钱就找到了。这道题迷惑人主要是它把那2元从27元当中分离了出来，原题的算法错误地认为服务员私自留下的2元不包含在27元当中，所以也就有了少1元的错误结果；而实际上私自留下的2元就包含在这27元当中，再加上退回的3元，结果正好是30元。还有一种算法：每人所花费的9元已经包括了服务生藏起来的2元（即优惠价25元+服务生私藏2元=27元=3×9元）因此，在计算这30元的组成时不能算上服务生私藏的那2元，而应该加上退还给每人的1元。即：3×9+3×1=30元正好！"

我还是不太明白，但是我知道了数学真的好奇妙啊！

【点评】生活是丰富多彩的，数学是有意思的。只要用心去发现，去思考，就能体会到生活中蕴藏着许多数学的乐趣和奥秘。

指导教师：王　骏

我生活中的数学——多少钱

二年级（1）班　牛梓铖

　　今天是六一儿童节，爷爷奶奶给了我 200 元红包，我用它买了好多好吃的，花去 80 元。妈妈问我："铖，你的钱剩下多少元呢？"我说："还剩 120 元。"妈妈高兴地点点头，又问："算式怎么列？"我说："是 200-80=120（元），对不对？"妈妈又高兴地点点头，又问："如果爷爷奶奶给你 500 元，买玩具用了 308 元，剩下多少元？"我说："500-308=192（元），"妈妈说："真棒！"我也高兴地笑了。妈妈又问："爷爷奶奶各给你 200 元，花了 50 元，还剩多少元？"我说："200-50=150（元）。"妈妈摇摇头说："不对！不对！再想想！"我又想了想,对妈妈说:"我忘了有 2 个 200 元!是 200+200-50=350(元)。"妈妈开心地望着我说："儿子，你真棒！来！妈妈亲一个！"

　　今天我真高兴！谢谢爷爷奶奶给的红包，让我快乐的学习到了数学计算。

【点评】你能用所学的数学知识解决问题，并能感悟数学就在身边。你真是生活的有心人。

指导教师：王　骏

数学很烧脑

二年级（1）班　师熙淳

今天放学后，在看数学报的时候，我发现有一道数学题很有意思，题如下：要求用一条曲线，穿过正方形或长方形的每一条边，并且每条边只能穿过一次（如图1），又给了两个正方形拼接后曲线穿边的画法（如图2）。要求画出四个正方形拼接后（如图3），一条曲线穿

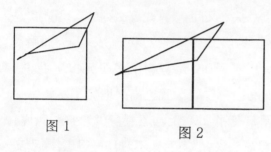

图1　　　　图2

过每一条边的画法。我想了想，便画了起来（如图4、5），高兴地拿给妈妈看，但是妈妈看后，分别给我指出了错误，让我仔细观察题中图1、图2给出的方法，启发我按照题中所教的方法模仿着画。这次，我终于画对了

图3

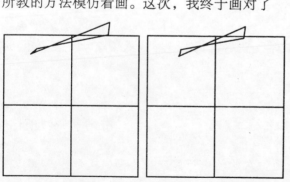

图4　　　　图5

（如图6）。"太棒了，我成功了！"我兴奋的大叫，蹦跳着拿给爸爸看，爸爸看后，夸我是爱动脑筋的好孩子。

通过这道数学题，我感觉数学既有趣又烧脑，很有意思。我还认识到：做数学题必须要读懂题，要学会照葫芦画瓢。今天，我解决了一道有趣的数学题，今后，还会有许多许多有意思的题目等我去探索，去研究，去解决，我会用心去完成每一道。

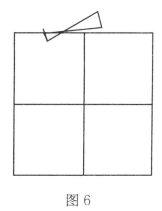

图 6

【点评】喜爱阅读的你真是一个善于动脑筋的孩子，而且能够进行总结反思。相信你只要坚持下去，一定会收获更多。

指导教师：王　骏

去"永辉超市"买东西

二年级（1）班　肖睿可

星期六，我陪妈妈去永辉超市买东西，超市可真大呀！东西也很多！妈妈让我自己买水果。我买了1束葡萄，2个油桃，还有2个奇异果。1束葡萄9元，2个油桃6元，2个奇异果3元，妈妈给了售货员50元，找回32元。经过逛超市，我知道了1千克是1公斤，500克是1斤，轻的东西用克来计量，重的物品用千克来计量，真是生活处处有数学呀！我还要不断地认真观察、学习、思考，数学才能学得更好！

【点评】数学就在我们身边，在购物中你能联系生活，感受到数学的价值，真了不起！

指导教师：王　骏

一节生动有趣的数学课

——认识克和千克

二年级（1）班　赵艺然

今天我给爸妈妈妈上了一节生动有趣的数学课，这节课的内容是认识克和千克。

在生活中的物品可以用秤来称重量，爸爸妈妈当顾客，我当超市小收银员，爸爸妈妈分别购买了水果和鸡蛋等物品，通过体验秤的用法，我们知道了两个同样大小柠檬的重量是 112 克，那么平均一个柠檬的重量是大约 56 克；一个火龙果的重量是 523 克；一个鸡蛋的重量是 46 克，一个绿香瓜的重量是 386 克；一个皇冠梨的重量是 262 克；一罐果仁的净含量是 260 克，吃了一部分后还剩下 228 克，那么吃了的果仁的重量是 260 克-228 克=32 克，最后我看着皇冠梨太馋了，迫不及待的给吃了，我还讲了一千克等于 1000 克。

接下来我出了几道比较大小的题，问爸爸妈妈谁愿意到黑板上来做，爸爸妈妈积极举手，我点到了妈妈的名字，妈妈在黑板上都做对了，说明她认真听讲了。

最后，我们又拿出来了用来称体重的秤，我的体重是 30 千克，爸爸的体重是 60 千克，因为妈妈有些胖，所以她不敢上秤，能给他们讲课并通过有趣的过程来体验我真是太高兴了！

【点评】你能够有模有样地把这节千克和克的数学课讲给爸爸妈妈听，这足以证明你课堂上认真地和老师学习数学知识。不仅如此，你还能学以致用，将数学知识运用到生活中去，去解决生活中的问题。

指导教师：王　骏

我生活中的数学

二年级（1）班　万方圆

大家好！我叫丽莎，是来中国玩的一名美国游客。不要小看我哟！我是一名美国老师！快来上我的课吧！我上的课特别好！今天我们学习乘法！

你猜这是哪里？对了，这里是大商场。我告诉你！这里有数学哟！

让我们先看看食品区，你发现数学了吗？

你要是找不到的

话，我可以帮你。看那里，是不是有数字？

哇！好想吃饼干！我还要再买 5 盒送给朋友！可是那样就是 6 盒了，一盒就 5 元，5+5+5+5+5+5=？这样太不方便了，怎么办呢？

你看，小女孩想知道自己一共花了多少元，我们来帮帮她吧！想知道多少元，可以用加法、乘法。可是小女孩觉得用加法不方便，就

用乘法吧！这是我的算式：6×5=30（元），不过 30 是怎么来的呢？就是从加法的答案里来的。只不过是把算式变得方便一些了。

这下你明白了吧！再想不通就可以背乘法口诀!（我就这样学会的）下面考考你：

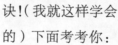

一个皮球 5 元，小芳买了 5 个皮球，她一共花了多少元？快点想答案吧！

呵呵，远在天边，近在眼前。这就是答案！5×5=25（元）。会了吧。我的课就这样讲完了。希望你学会了乘法。

【点评】这是一篇非常有趣的数学绘本日记，能够图文并茂地将数学知识清晰地讲述出来，相信只要看了你的数学绘本就一定能够学会乘法知识！

指导教师：王　骏

数学中有趣的故事

二年级（1）班　张恩豪

　　5月份的一天，放学后我回到姥姥家，正在做数学练习册上的作业。突然一道题把我难倒了，这是一道应用题，问的是爸爸、妈妈和我三人年龄加起来是81岁，妈妈比我大27岁、爸爸比妈妈大3岁，问我的年龄是多少岁？我把一向擅长数学的姥爷叫来，姥爷一看题，用起了什么方程式来解，还一边算一边唠叨："有什么两个未知数，这怎么列式？"还直说题出错了。

　　晚上，我问妈妈，妈妈算来算去总是年龄加起来是78岁，也说81岁不能成立。题是错的，后来妈妈叫来了爸爸，爸爸把图形画好，但是先算的是妈妈年龄。

　　第二天，王老师批作业时这道题解题过程错了，后来经过讲解知道了解题的思路。回到家里，爸爸妈妈一齐问这题是否正确。我自豪地讲起来，其实这题很简单，是大人们把想法想难了。正确的做法是：用（81-27-27-3）÷3=8岁，先算的是我的年龄，过程是：把总共的年龄减去妈妈多的年龄，再减去爸爸多的年龄。这样就出了三份相同的年龄，再平均分成3份，这就算出我的年龄了。我讲完后，爸爸妈妈笑了，都说：这么简单……数学的魅力就是在于攻克难关后豁然明瞭的开心感受……

【点评】能抓住一件小事来写学习数学的趣味性，体验学习数学的乐趣，说明你有专心致志与好学的精神。老师真为有你这样的学生而自豪！

指导老师：王　骏

图表日记

二年级（1）班　王秋涵

数学非常有趣，它是我们日常生活的一部分，每个人都能从中获得享受。比如，你的身体就是个尺子，你去超市购物也会运用到数学计算，还有很多有趣和实用的数学公式、定理。它可以帮助我们理清思路，清晰地表达各种观点。

不信，我来给大家举个例子，每周妈妈去打篮球，为此，我想到了一个好办法，给妈妈做了一个图表，列明日期、打球时间、人数、进球个数、分数等，这样帮妈妈记录下来，不仅可以鼓励妈妈坚持锻炼，而且我也更好地理解了图表，我太高兴了。

在我们生活中还有很多地方运用到数学，我要努力观察和思考，数学陪伴着我慢慢长大！

【点评】从帮妈妈用统计表记录打球的过程中，体会到生活中处处有数学，并感受到数学的乐趣，从而激发了学习数学的积极性。

指导教师：王　骏

我和爸爸开商店

二年级（1）班　赵宇阳

　　今天，我让爸爸陪我玩开商店的游戏，这是我最喜欢玩的游戏之一。

　　开商店要做的第一件事就是准备材料，最重要的材料分别是钱币和商品。我家有一套收银台玩具，玩具里有我们需要的钱。商品就更简单了，我从家里找了一些超市可以卖的商品，还画了一些商品，吃喝玩用，一应俱全。

　　材料准备好之后，我和爸爸就开始游戏了。我先当收银员，爸爸当顾客，分完角色后，游戏正式开始。爸爸来买东西了，他走到商店里一看，好多商品，他挑选了两个杯子、三瓶酸奶、四袋盐和一个西瓜，爸爸问："这些东西一共多少钱？"我说："杯子一共 4 元，酸奶一共 6 元，盐一共 16 元，西瓜 20 元，请您给我 46 元。"爸爸说："不是 46 元，是 42 元。"我说："顾客，您算错了，您想想 4 加 6 等于 10，20 加 16 等于 36，10 加 36 等于 46。"爸爸说："是我算错了呀！"

　　接着，我和爸爸互换角色，爸爸当收银员，我当顾客。我去商店买东西了，我买了三瓶酸奶、一袋鸡蛋和五个苹果，我找爸爸结账。爸爸说："酸奶一共 5 元，苹果一共 16 元，鸡蛋一袋 28 元，一共 49 元。"我给爸爸 100 元，爸爸问我："应该找多少钱？"我说："这还用说嘛，应该找 51 元。"

　　我们又玩了几局，该吃饭了，游戏结束。

　　我总结出一个经验，玩这个游戏需要常练口算，我以后要好好练口算，要不买东西都有困难。

【点评】你能够利用所学的知识在家和自己的爸爸来模拟生活购物的场景，老师真为你高兴。其实学数学知识就是为生活所用，相信你只要认真学习数学知识，今后一定会是个解决问题的小能手。

指导教师：王　骏

分糖果的小乐趣

二年级（1）班　牛梓伊

今天爸爸妈妈带我去参加哥哥的婚礼，婚礼现场很是漂亮，舞台大屏幕上播放着哥哥姐姐的结婚照片。我太高兴了，赶紧和爸爸妈妈坐在了写有"男方亲属"的桌子上。我观察了一下，一张桌子有10把椅子，也就是可以座10个人。每个人面前有一个精美的小糖盒，也就是有10个糖盒，我赶忙打开糖盒一看里面一共有6块糖。妈妈说："你赶紧算算桌上一共有多少块糖。"我立刻用乘法口诀算了算6×10=60（块），我告诉妈妈一共有60块糖。妈妈说："那好，你看看咱们现在坐了多少人，平均每人可以分几块糖。"我赶忙数了数在座的人数心里默默地算了起来"一共坐了9个人，60/9=6（块）……6（块）"。我告诉妈妈："每人可以分到6块糖还剩下6块糖。"妈妈说："真棒，为了表扬你就把多出来的6块糖作为奖励送给你。"我参加了一个有意义的婚礼，真是太高兴了。

【点评】从平常小事找数学，可见你是个细心的孩子。生活中处处有数学，你能用数学知识解决生活中的问题，真了不起！继续努力，你一定会有更大的收获。

指导教师：王　骏

玩儿中的数学

二年级（1）班　张嘉裕

今天，天气晴好，我和爸爸妈妈一起去迪士尼玩，这里有很多项目，但是都需要排队，

越是有趣的项目，人就越多。我们玩了几个小的项目，但觉得不够刺激，所以我们大家决定排一个刺激的项目。

这个项目前排队的人很多，我数了数竟然有95个人在我们的前面，现在是上午10点35分，但在11点30分有个盛大的迪士尼游行，大家都想参观，这时妈妈说："宝贝，你想一想，这个项目每次可以上去10个人，每次大概需要3分钟，你觉得我们可以顺利的参加项目并且能及时看到公园游行吗？"于是我仔细想了想：在我之前的人一共需要9轮，我们是第10轮才能上去，每次3分钟，那就是大概需要30分钟，再加上一些其他情况最多用40分钟，而我们一共还有55分钟，这些时间足够我们游玩这个项目了。于是我告诉妈妈，我们来得及进行这个项目，最后果然如此。

我以前一直认为数学是一门枯燥的学科，没想到它还真能帮到我们的忙，所以我决定要好好学习数学。

【点评】你能够运用数学知识来解决生活中的实际问题，老师真为你高兴。数学来源于生活，运用于生活，只要认真思考就能把生活中的问题解决出来。

指导教师：王　骏

我生活中的数学——猜年龄

二年级（1）班　牛梓铖

　　妈妈的年龄在我心中是一个谜，每次我问我妈妈时，妈妈总是说她永远 18 岁。我小的时候还不懂得思考这个问题，现在我特别好奇妈妈到底几岁了。

　　今天我又问妈妈："妈妈，您今年几岁了？"妈妈说："我比你早出生 29 年，那你自己算一下妈妈今年多大了呢？"好吧，我赶紧拿起笔先计算我的年龄。我的生日是 2008 年 12 月 3 日，今年是 2017 年，（2017-2008=9）相差了 9 年。哇！我已经 9 岁啦！　9+29=38（岁），原来妈妈今年 38 岁了！我开心地喊道："妈妈，妈妈，我终于知道您多大了！您过生日时我就可以为您制作数字蜡烛了！"妈妈回头看了看我，也开心地笑了起来。

【点评】你能够清晰地计算出你自己的年龄及妈妈的年龄，看来数学真有用！希望你能每天坚持用善于观察的眼睛去发现，用数学知识解决生活中的问题。

指导教师：王　骏

巧用数学知识解决生活问题

二年级（1）班　孟轩羽

　　生活中处处蕴藏着各种数学小知识，在生活中我们就可以用数学的方法来解决各不相同的问题，我就有一次用数学解决问题的经历。

　　数学课上刚刚学完克与千克的知识，妈妈就用生活中的物品食物等等帮我巩固。有一天跟妈妈去超市，妈妈要买洗衣液，挑了两种价格一样但不一样重量的让我选买哪个更实惠一些？我一看，一个重量是 3 千克，一个是 3 千克+500 克，那就是 3500 克。我就跟妈妈说："选择买 3500 克的吧，比 3 千克的多 500 克呢！"妈妈说我选择的很正确。

　　我很喜欢上数学课，也很喜欢我的数学老师，我的数学老师是我的班主任老师，生活中到处都充满着数学知识，一不小心就会出现错误，我们一定要认真学好数学！

【点评】能探索解决问题的策略，是这篇日记的闪光之处，可以看出你是个勤于思考的孩子！不仅如此，老师从你的日记中看出你对数学有浓厚的兴趣，相信你一定能在数学上有更大的收获。

指导教师：王　骏

用元角分知识解决数学问题

二年级（1）班　许颢轩

　　我今天去了超市和卢沟桥，就先说超市吧。妈妈给了我 50 元让我去超市里买东西，我买了个巧克力 7 元，我算了算剩下 43 元，之后我又买了个酸奶 5 元，我又来到一楼买了闹钟 12 元。

　　接着我又去了卢沟桥，我从卢沟桥回来的时候买了一根冰棍，一根冰棍 4 元，我有 5 元。我想了想会找我钱，我又算了算，我知道了要找回 1 元。

　　我想了想今天我买了 4 种东西，有巧克力、酸奶、闹钟和冰棍。我用数学算式算了算（7+5+12+4=28 元），所以通过这个算式我知道了我今天买的东西一共花了 28 元。我还知道了数学在我们的生活中无处不在。

【点评】你能应用所学的数学知识解决问题，并能感悟数学就在身边。你真是生活的有心人。

指导教师：王　骏

义卖中的数学

二年级（1）班　商静涵

　　今天下午我们学校举办了一场义卖活动，我第一个去的是二（1）班，我买了一个万花筒 10 元，我给了 20 元，他们找了我 10 元。然后我去了一层买了一本《小马宝莉》的书，书 3 元我给了 5 元，她们找了 2 元。之后我去了三层买了一个小项链 2 元，我给了 5 元，找了 3 元……在这次义卖活动中我买了 15 个玩具，花了 37 元。我真的很高兴，因为我既能买到自己喜欢的玩具，还能帮助那些困难的小朋友。所以我很快乐！

【点评】数学是你的好帮手！你能应用所学的数学知识解决问题，并能感悟数学就在身边。你真是生活的有心人。

指导教师：王　骏

我在活动中学数学

二年级（1）班　闫子欣

　　我们学校六一儿童节有义卖活动，我非常开心。头天晚上我开始准备义卖的东西，把所有东西都标上价格。熊猫手套 9 元，恐龙玩具 9 元，两个小恐龙玩具各 4 元……我算了一下我可以收入 32 元，妈妈还给了我 35 元零钱，我把钱装进信封收好。

　　当天义卖活动我用我卖东西的钱买了一些学习用品。我把我卖东西的钱和妈妈给的钱都花了，我算了一下一共花了 32+35=67 元。哈哈，我的账记得不错吧，我觉得在我们的生活中到处都用得上数学！

【点评】学数学更重要在于用数学，你还做到联系生活用数学，相信你已经深深感受到数学和生活的密切联系。同时，从你的日记中看出你对数学有浓厚的兴趣，相信你一定能在数学的海洋中吸收更多的知识。

指导教师：王　骏

生活中的数学

二年级（2）班　郝文萱

　　自从我们学习了除法以后，我发现生活中很多事儿都与除法有关。比如，妈妈买了 10 袋牛奶，每天喝 2 袋，能喝几天？10÷2=5（天）。

　　奶奶包了 20 个包子，我们一家有 5 口人，平均每个人吃几个？20÷5=4（个），爷爷有 9 只小鸟，平均 3 只小鸟放一个鸟笼里，一共需要几个鸟笼？9÷3=3（个），看来学好除法能解决好多生活中的问题。

【点评】你有一双善于发现的眼睛，看来你一定了解了生活处处有数学的道理，并能够运用所学知识解决生活中的问题，加油吧，在数学学习的道路上你一定会越来越好！

指导教师：郑少宇

数学中有趣的故事

二年级（2）班　董一麟

数学可以帮助人们对日常生活中大量纷繁复杂的信息作出恰当的选择与判断，为人们在日常生活中交流信息提供一种简捷、有效的手段，数学的思想、方法、技术是人们解决实际问题的有力工具。

1981年的一个夏日，在印度举行了一场心算比赛。表演者是印度的一位37岁的妇女，她的名字叫沙贡塔娜。当天，她要以惊人的心算能力，与一台先进的电子计算机展开竞赛。

工作人员写出一个201位的大数，让求这个数的23次方根。运算结果，沙贡塔娜只用了50秒钟就向观众报出了正确的答案。而计算机为了得出同样的答数，必须输入两万条指令，再进行计算，花费的时间比沙贡塔娜要多得多。

宇宙之大，粒子之微，火箭之速，化工之巧，地球之变，生物之谜，日用之繁，无处不用数学。——华罗庚

【点评】数学很大，大到在宇宙之间，数学很小，小到在我们身边。你对数学这么深的理解，相信你对数学一定充满兴趣，加油吧，在数学的学习中你一定会越来越好！

指导教师：郑少宇

生活中的数学

二年级（2）班　张奥程

　　今天早晨，我从大约 2 米长的床上爬起来，拿起 1 分米的牙刷刷完牙后，洗脸之后用 60 厘米的毛巾擦脸，吃饭的盘子长大约 20 厘米，宽大约 20 厘米。

　　然后拿起书包去上学，到了教室，坐在宽 40 厘米的凳子上，拿出 1 厘米厚的语文书，开始上语文课，郑老师在大约 4 米长的黑板上板书，40 分钟后，下课的铃声响了！

　　这节课老师讲解的细致生动，同学们听的仔细认真，很有收获！

【点评】生活处处有知识，看来你真是个爱思考的孩子，总能发现生活中的数学问题，并应用我们所学知识解决这些问题，加油吧，在数学的学习上你会越来越好！

指导教师：郑少宇

生活中的数学

二年级（2）班　白偲熠

今天我和妈妈来到超市，走到了我最喜欢的酸奶区，我说："这款酸奶正在搞活动——买二赠一。"妈妈说："那就买这种吧，你算算平均每瓶多少钱？"我看了一下价签，每瓶 7.9 元，我想了一会儿说："这个不能整除，大概每瓶 5.3 元。"这时售货员阿姨笑着走过来说："我们还有一个活动——满 20 元减 5 元。"我兴奋地说："妈妈，我们再买一瓶还能减 5 元呢！"于是，我们花了 18.7 元买了四瓶酸奶回家了。我不禁感叹，生活中的数学知识无处不在啊！

【点评】少花钱、多受益，你能用学习到的数学知识解决生活中的问题，你一定明白了数学源自生活又服务于生活的道理。

指导教师：郑少宇

孩子眼中的数学

二年级（2）班　曹若熙

数学在人的生活中处处可见、息息相关。若能良好的使用数学，则能使我们的生活变得更加快捷。

进入数学的世界、让一个个字符为我们生活带来乐趣与方便　。

每当我和妈妈下跳棋的时候，看着 3 种不同颜色的棋子分别在 3 个等边三角形里，蓝色 15 个、红色 15 个、黄色 15 个、这 45 个棋子互相移动跳跃着，在我的眼中充满着快乐，无形的数学知识也变成了有形的东西，成为生活中不可缺少的乐趣。

【点评】是啊！数学的世界妙趣横生，快乐无限！小小的跳棋让我们体会到了无穷的乐趣，也让数学知识在这里无声的浸染！

指导教师：郑少宇

超市里的数学

二年级（2）班　刁晨硕

今天我和妈妈来到永辉超市买牛奶，刚开始我看到货架上摆着一盒一盒的牛奶，每盒 2.3 元，于是我和妈妈决定买 10 盒。刚刚要离开的时候，看到旁边的货架上摆着一箱箱的牛奶。同样的品牌同样的重量，一箱里面有 12 盒，每箱 22.8 元。到底是买成箱装的，还是买单盒装的呢？我犹豫了，突然我的脑筋一转，对呀！我可以计算计算比较一下嘛。于是，我开始算起来：如果零买 12 盒，每盒 2.3，就要 27.6 元；而整箱的只卖 22.8 元，少了 4.8 元，于是我和妈妈决定买整箱的牛奶了。妈妈夸我知道把学到的数学知识应用到实际生活中。

【点评】超市真是个好地方，这里不仅有我们需要的商品，更有无限的知识等待我们的发掘，你能学以致用，把课本里的知识应用到生活中去，真是太棒了！

指导教师：郑少宇

生活中的数学

二年级（2）班　郭欣怡

　　我特别喜欢和妈妈去姥姥家，因为在那里我可以体验到学习数学的乐趣。为什么这么说呢，嘻嘻~是因为舅妈开了一家小店，我可以在那里帮忙。记得有一次，舅妈店里来了一个大姐姐，她要买3瓶饮料和1袋盐，我就赶紧和舅妈说："我来算，我来算。"舅妈说："好吧。"我开始算账了，饮料3元1瓶，3瓶一共9元，再加上1袋盐3元总共12元。舅妈说："算对了，你可真棒呀。"我听了舅妈的话心里美滋滋的。心想：我下次还要帮忙。把书本的知识用到生活里真的是太有意义了。

　　【点评】数学游戏，快乐生活，你真是个乐观向上、勇于思考的孩子，你能把学到的数学知识应用和服务到实际生活中去，相信你的学习和生活都会越来越精彩！

指导教师：郑少宇

动物世界里的对称

二年级（2）班　郝明玥

　　有一天，小乌龟慢慢地爬到了水边，它看见青蛙说："小青蛙咱们一起玩吧！"小青蛙说："我是青蛙，你是乌龟，咱们怎么一起玩呀？"小青蛙说："在图形王国中，我们就是一家人，都是对称动物，不信咱们一起瞧瞧去。"小青蛙不信，跟在小乌龟后面一起去了。它俩一起游到了水里，在水里看见了好多的小动物有海星、章鱼、海马、螃蟹……小青蛙心里想我们图形王国的动物还挺多，原来大家都是对称动物，以后有好多小伙伴了。

　　【点评】对称的知识和小动物们相结合，你真是个爱思考、会联想的孩子。在图形王国里有着这多可爱的动物伙伴，相信你一定能成为它们的朋友。

指导教师：郑少宇

数学问题让我成长

二年级（2）班　李佳桐

　　最近妈妈反复给我出一道题，我总是对对错错，理念老是混乱。比如：有 8 棵树，每两棵树之间平均有 5 米，东东从第一棵树跑到第 8 棵树，一共跑了多少米？总是纠结在 8 棵树之间的问题上。妈妈出的题没有图，我就画上图一个一个的数，我也知道这是最笨的方法了（呜呜……），我想懂得小道理大道理举一反三也会明白的。现在我又开始数台阶、数楼层等等去锻炼自己，希望自己能深刻地理解题目和解答题的奥妙。数学真的很有意思，像是在捉迷藏，我就应该是那个绞尽脑汁把它们一个一个翻找出来的勇士（嘻嘻……）。老师会把每道容易出错的题给我们分析思路再进行解答，二年级的书已学完了，我要好好回顾一下老师讲的重点。有余数的除法、混合运算、万以内的认识和加减法，还有重量和时间。个个都与现实紧密相连，我会努力的，加油！

【点评】一个个数学问题的解决，就是一个个你成长的足迹，它们见证了你不断提高，不断进步的过程。数学的学习充满挑战，但同样乐趣无穷。加油！

指导教师：郑少宇

我眼中的数学

二年级（2）班 李晟航

我眼中的数学是丰富多彩的，是很奇妙的，通过找规律可以解决周长、和差、重叠、染色、比赛等问题，让我觉得收获很多。

比如，最近我学了比赛的问题。有 10 个队参加跳远比赛，比赛采用淘汰制，2 个队进行一场比赛，输的队被淘汰，最后决出一队冠军，问需要举行多少场比赛？用画图的方法解决如下：

O OOOOOOOOO

O   OOOO

　　O　　　　O

　　O　　　　　　　O

　　　　　　　　　　　　　　　　O

在这个图形中，圆圈代表一个队，下横线代表两两比赛，一共有 9 个横线，证明需要 9 场比赛。延伸一下，如果是 15 个队进行比赛呢？

O OOOOOOOOOOOOOO

O   OOOOOOO

　　　　　　OOO

　　O　　　　　　　O

　　　　　　　　　　　　O

从图中我们可以看出，可以举行 14 场比赛，需要的比赛场次比参加的队伍少 1，这个是规律吗？再拿 30 个队比赛试一下，是不是应有 29 场比赛呢如下图：

O OOOOOOOOOOOOOOOOOOOOOOOOOOOOO

O   OOOOOOOOOOOOOO

O   OOOOOOO
—————————————————
    O   OOO
—————————————————————————
    O   O
—————————————————————————————————————
                    O

    一共有 29 场比赛，可以找出做这种题的规律是：比赛场数=比赛队伍总数-1，这个 1 就是最后胜利的那个队。这样用这个规律，无论是 100 队还是 1000 队，马上就能知道需要多少场比赛。

    我知道，以后我们学习的数学还有很多规律，这些规律可能就是公式，学习这些公式能更有效率的解答问题。我一定会好好学习数学，掌握这些规律，更好地运用它。

【点评】数学规律就像一个知识的大门，里面有着各种各样有意思的事情等待着你去挖掘，而你恰恰有了开启知识大门的钥匙，那就是兴趣和努力，虽然在探索规律的路上有些小困难，但老师相信那些都难不倒你，因为困难过后的胜利会让你变得更加自信。

指导教师：郑少宇

我眼中的数学

二年级（2）班　刘恩扬

　　数学是一门最古老的学科，它的起源可以上溯到一万多年前。15000 年前人类用结绳和石块记数，进一步用符号逐步发展到数字又产生了度量意识。

　　数学就是为了能在实际生活中应用，数学是人们用来解决问题的。比如上街买东西，造房子画图纸，类似的问题数不胜数。

　　说到这里突然想到了郑人买履的故事，现在的妈妈们在淘宝给孩子买衣服、鞋子，不正是合理的运用了那些数字做参考的吗？

　　数学就应该在生活中学习，到生活中学数学，在生活中用数学，数学与生活密不可分，学深了，学透了，自然会发现其实数学很有用处。

【点评】数学的知识就是生活经验的总结和提炼，数学源于生活更服务于生活，看来你有一双善于发现的眼睛，能够在生活中发现问题并运用所学知识去解决问题，你真是个爱思考的孩子！

指导教师：郑少宇

羊肉串中的问题

二年级（2）班　马北宸

　　有一天，我和妈妈去逛街。"羊肉串，羊肉串……"我说："妈妈，我能买几串羊肉串吗？"妈妈给我了一些钱，我高高兴兴地去买羊肉串了。我问："多少钱一串？"叔叔说："一串4元，三串10元。""叔叔，不对呀，三串应该是12元呢？""叔叔的羊肉串是物美价廉，买得越多越便宜。""哦，原来买3串可以省2元啊！""那我买六串。"我省了4元钱，高高兴兴地拿着羊肉串回去了。

【点评】你真是个爱思考，会解答的好孩子！在享受美味的同时，还能够保持清醒思考，用最经济的方法买到了自己爱吃的羊肉串，你真棒！

指导教师：郑少宇

有趣的数学

二年级（2）班　孙明扬

数学是一门特别有趣的学科，我爱上了数学。

今天，数学课上，老师让我们做了一道思考题。24个人要过河，河边只有一条船，每次只能坐6人，至少运多少次才能让大家都过河？

刚一看这道题，感觉很简单。24÷6=4（次）可是，老师却说不对。然后，经过老师的讲解，我才明白了这道题的解题思路。船上每次坐六人，可是到了岸边还得有两个人回来，因为船上得留两个人划桨，所以是每次运四人到岸边：24÷4=6（次）。还有另一种解法是：（24-2）÷4=5（次）……2（人）余下的两人还得运一次：（2+2）÷4=1（次），1+5=6（次）。因此，这道题就是至少运六次才能让大家都过河。

通过做这道数学思考题，让我明白了，无论做什么题，都要细心思考、认真分析，让自己身临其境，这样题目就会迎刃而解了。

【点评】问题的解决是困难的，但成功后的喜悦却是难得的。更可贵的是你能在问题解决的同时总结经验——细心思考、认真分析、身临其境、迎刃而解，太棒了，坚持下去，你会越来越好！

指导教师：郑少宇

数学为我留下的印迹

二年级（2）班　王海洋

什么是加法？什么是减法？那乘法和除法又该如何运算？为什么要先乘除后加减？这所有的问题都是通过老师的细心讲解才让我明白，我终于知道：数学是一门既有趣又锻炼思维的知识，数学既是我学习中的朋友，也是我学习过程中的敌人，它让我在做作业时头晕脑涨，但当我理解并解开题目时又能让我有无限的快乐和成就感！这有可能就是数学魅力的所在吧？

【点评】数学学习的道路上有艰辛也有快乐，有付出更有收获。在学习的过程中享受它特有的魅力吧，和它成为朋友你也会变得更优秀！

指导教师：郑少宇

过河问题

二年级（2）班　王若茵

今天，爸爸给我出了一道数学题：有 20 个人要过河，河上只有一条船，船上每次只能载上 5 个人，小船至少要载几次所有的人才能过河？我对爸爸说："太简单了，20÷5=4，要 4 次。"爸爸笑着对我说："不对哦！船到了对岸还得回来啊。"听了爸爸的话，我仔细想了想，对爸爸说："小船到了对岸再返回时一定要有个人划船回来，所以每次只能过 5-1=4（人），那 20 个人都过去要过 20÷4=5（次）。"爸爸高兴地说："答对了！"还夸我是个爱动脑子的孩子。

【点评】数学问题解决的乐趣，有时候并不在于我们解决了一道简单的问题，而在于我们再思考时发现的新的题点，它总能引发我们更大的智慧和更大的提高，看来，你真是个爱动脑筋的孩子！

指导教师：郑少宇

面包里的思考

二年级（2）班　王志民

今天学校组织我们到手工制作糕点学习基地参观学习，学习如何制作糕点及烤制过程，在制作过程中，老师给我们提出思考问题：

1. 知道要烤多少面包？

2. 知道已经烤了多少个？

3. 每次能考多少个？

4. 剩下还要考几次？

我们班一共要烤 90 个面包，已经烤了 36 个，剩下多少没烤，90-36=54（个）；每个烤盘每次只能烤 9 个，剩下的面包要多少次考完，54÷9=6（次）

分步列式：

90-36=54（个）

54÷9=6（次）

综合列式

（90-36）÷9

=54÷9

=6（次）

答：剩下的面包需要 6 次烤完。

从此次活动中我们学习掌握了综合运算的顺序，应当先算哪一步，然后再算哪一步，是有步骤的，按照步骤把题混合在一起就成了混合运算。

【点评】数学来源于生活，生活中同样处处充满着数学知识。你能在制作面包的过程中学习和总结综合运算的顺序，说明你是个善于思考的孩子，相信你的知识会掌握得更加牢固！

指导教师：郑少宇

数学在生活中的应用

二年级（2）班　信梦林

华罗庚说："宇宙之大，粒子之微，火箭之速，化工之巧，地球之变，生物之谜，日用之繁，无处不用数学。"数学与我们的生活是息息相关的。从 IT 到建筑，到金融，到税务，到设计……哪个行业离得了数学？

数学的应用已不再是一种辅助性的工具，而是成为解决许多问题的关键性的思想与方法，由此产生的许多成果极大地改变了我们的生活。数学真的是无时不在、无处不在啊！

【点评】数学的发展也是生活进步和科技发展的重要标志，数学知识运用对于我们的生活有着这么深远的影响，看来你对于数学有着独特的兴趣，加油吧！祖国的未来靠你啦！

指导教师：郑少宇

烧烤中的数学

二年级（2）班　赵驰安

星期六的下午，小姨和妹妹来我家玩儿，晚上一起去宽店吃烧烤，吃饭时我给大家点餐，我一共点了 30 个烤肉串，4 个面包片，6 个烤鸡翅，3 杯饮料。吃完饭后妈妈和我说烤串 3 元一个，烤鸡翅比烤肉串贵一倍，面包片和饮料同烤串一样贵，妈妈问我今天吃饭花了多少钱，我算了半天告诉妈妈说花了 129 元。妈妈说我算错了，我想了一下，于是我找服务员阿姨要了一张纸，一步一步算，30×3=90　3×2×6=36，3×4=12　3×3=9　90+36+12+9=147 元，妈妈说这回算对了，我们开心的结完账回家了。

【点评】生活处处有数学，你能用所学知识解决生活中的实际问题，真正做到了学以致用，相信解决问题的同时你也获得了应用的快乐！加油吧，知识的大门正朝你打开！

指导教师：郑少宇

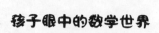
数学在生活中无处不在

二年级（2）班　赵思麒

　　今天又是周末，做完作业，我和爸爸妈妈去超市购物。本来认为可以很轻松，可是所有东西都拿完，准备去结账，妈妈说话了"你把这些东西需要多少钱给我算算"，这可难了东西太多了，还好妈妈又说话了"你就算算这牛肉 32.5 元一斤买四斤，牛奶 8.5 元一瓶买六瓶需要多少钱"。我开始开动脑筋了，32.5+32.5+32.5+32.5=130；8.5+8.5+8.5+8.5+8.5+8.5=51；130+51=181 元，告诉了妈妈计算的结果和过程。这样可以得到妈妈的表扬了吧！"嗯，算对了，不错，可是你这太麻烦了吧？"妈妈继续说，"牛肉（32.5+32.5）×2=130，牛奶（8.5+8.5）×3=51，130+51=181 元多简单。""哎，还真的是妈妈您这算法更方便。"

【点评】带有小数点的数字加减法是我们未来学习的一个难点，但你却用自己的领悟解决了生活中的实际问题，并且在和妈妈的不断交流中改进自己的解决方法，看来你真是个善于思考的好孩子！

指导教师：郑少宇

生活中的点滴数学

二年级（2）班　周怡君

同学们，你们喜欢数学吗？你们了解数学吗？当我成为小学生的那天起，数学就深深地吸引着我。通过两年的学习，我了解到了简单的数字由小到大的变化，从加减到乘除，还有各式各样与数学有关的知识等等。

生活中，我经常和妈妈一起买菜，现在我已经能够独立到超市帮助妈妈买东西了，买菜过程中就有钱数的百元、十元、元的变化，比如前几天帮妈妈买面条和黄瓜，收银员阿姨要称重，就有斤和公斤的计算，按照斤数和价格，算钱找零，我要算算找回来的钱是不是跟我计算的一样。还有马路边施工的高楼大厦，一共要建设 22 层，已经建起了 16 层，还有几层需要建呢？等等与数字有关的生活信息。

生活中，还有形状和位置方向的知识。形状方面比如我早餐吃的三明治是三角形的，下课后男同学踢的足球是圆形的，女同学玩的魔方是正方形的，我们上课的黑板是长方形的。位置方向的知识，比如我生活的大兴区就在北京的东南部，我们的学校在我家的南面，学校的教学楼在操场的北面等等。

说了这么多，我感觉到了数学知识与我的生活有很大的联系，我要好好学习，将来能够运用得更多更好！

【点评】数学来源于生活，更服务于生活。你能发现生活中的许多数学知识，说明你有一双善于发现的数学慧眼，加上你对数学的兴趣和你的聪明才智，你一定能在数学的学习道路上走得更远！快看，数学王国的大门正向你敞开！

指导教师：郑少宇

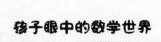

生活里的数学

二年级（3）班　周珈亦

数，在我们的生活中无处不在，今天我就给大家讲个生活中——数的小故事。

那天，妈妈由于忙，没有来得及给我做晚饭。于是，妈妈用百度外卖帮我订了晚餐。

妈妈在订餐的页面，帮我叫了我最爱吃的鱼香肉丝、宫保鸡丁和米饭。鱼香肉丝是 20 元，宫保鸡丁也是 20 元，1 碗米饭 2 元。妈妈下好单后，订单显示还要支付 6 元的快递费，同时这次订餐还有 10 元的优惠券。所以，这次订餐的费用是：20+20+2+6-10=38 元。

送餐小哥的速度还真是快，明明需要 1 个小时才能送到的，可他只用了 40 分钟，就将香喷喷的饭菜送到了我家，节省了 20 分钟的时间。我为他点赞！于是，我好好享用了我的美味晚餐。

【点评】订餐中的学问，让我们应用数学，体会了数学源自生活又服务于生活，学好数学是为了更好地生活，加油吧！

指导教师：孔庆艳

麦当劳点餐的故事

二年级（3）班　巴冠皓

　　周日和妈妈去了麦当劳，今天我要自己点餐，可是妈妈说价钱要控制在 35 元以内，可是我想点一个法式汉堡、一份小薯条、一对鸡翅、一杯橙汁，但是如果这样点餐的话已经超出了妈妈的要求，怎么办呢？就在我感到为难的时候，服务员阿姨笑了，她轻轻地指了一下套餐菜单，她说如果点一个套餐的话可能就不会超过了。我看看了组合套餐，使劲点了一下头，高兴地对妈妈说："就是它吧！"妈妈也开心地答应了。最后，妈妈还奖励了我一个冰淇淋，总额只超出了一元钱，这样我既解决了自己的问题，又获得了额外的奖励，真是一件美事啊！

【点评】你记录下了生活中的一个小细节——"点餐"，并且能应用数学知识，既能满足妈妈的要求又达到了自己的目的，可谓一举两得。

指导教师：孔庆艳

快乐的周末

二年级（3）班　张皓雯

周末早晨，我和妈妈起床后，吃了早点。我问妈妈："妈妈，咱们去公园玩会儿吧？"妈妈说："好的。"妈妈开车带我去了滨河公园，下车后我和妈妈走进了公园，走进公园就看到了一群大哥哥在打篮球，他们打得十分激烈，大哥哥们打得满头大汗，我们看了会儿，比分出来了3：2，红队获胜。

随后我们走进超市里，妈妈说，你记住咱们买的东西哦，晚上妈妈要提问啊。我们在超市里买了6根大葱，共3.5元。买了2瓶酱油，每瓶2.5元。买了3盒巧克力，每盒35元。又买了一些米和面，一共32元。还买了一些生活用品，结完账后我和妈妈拎着两大袋子东西开车回家了。

到家后我们懒懒地躺在床上休息了一会儿，妈妈问我："在超市里面，咱们都买了什么东西啊？都多少钱啊？妈妈给了超市多少钱？找回来多少钱啊？"我想了想，说："咱们在超市里买了米面一共32元，买了大葱6×3.5=21元，买了巧克力3×35=105元，买了酱油2.5×2=5元，又买了一些生活用品是35元，一共花了32+21+105+5+35=198元。妈妈对吗？"妈妈说："宝贝，真棒！都记住了。"我和妈妈都累了，吃完晚饭后，九点就睡觉了。

【点评】一个会算账而且也是好记性的孩子，老师惊讶于你还会小数的计算了，真了不起！

指导教师：孔庆艳

快乐的一天

二年级（3）班　李文博

6月2日，妈妈单位组织我们去蓝天城玩儿，我参加了建筑师、飞行员和潜水艇驾驶员的体验活动。每项活动都等了30分钟，三个项目等待时间共花费90分钟。蓝天城体验中心早上10点钟开门，下午3点钟关门，我们一共玩儿了5个小时，又去了汉堡王吃饭，吃了60分钟。加上回家的时间，一共花费了2个小时。1天24小时的时间很快就过去了，回家后我们没有待几个小时就睡觉了，我度过了快乐的一天！

【点评】学习了有关时间的知识后，你灵活地运用到了生活中去，不但会认识时间，更可贵的是还能计算出经过的时间。这些足以证明我们的数学知识是为生活服务的。老师为你点赞！

指导教师：孔庆艳

硬币哪去了?

二年级(3)班 曹昕睿

我是个乖孩子,每次我做了好事或者完成了妈妈交代的任务,爸爸妈妈都会给我一些硬币作为奖励。每天我都会把它倒出来数一数。5月的一天,我早上倒出硬币数一数,发现少了4个硬币,我去找外婆,就问外婆:"外婆我丢了4个硬币。不知道您看到过吗?"外婆说:"哦?是什么样的硬币呢?"我拿出最小的硬币给外婆看,外婆说:"原来是1角的硬币啊!"我问:"那这个又大又圆的硬币也是1角吗?"外婆说:"哦,当然不是啦,你看这个硬币背面还有汉字呢!这就是元角分的元字,所以这是1元钱。"

这时妈妈回来了,我赶紧跑过去问了问妈妈有没有见到我的盒子里的硬币,妈妈解释道:"大乖,我早上出去买菜没有零钱,所以就跟你用1个5角的硬币换了5个1角的硬币。"这下真相大白了。接下来妈妈还利用硬币教给我数学加法知识,比如:5角可以用5个1角硬币来置换;1元可以用2个5角硬币或者10个1角硬币来置换;如果有老版的2角人民币可以用2个1角硬币来置换……这些数字硬币真是太有趣了!

【点评】你会巧用元角分的知识去解决生活中的问题,并且能捕捉到有价值的线索记录下来,让枯燥的数学知识变得灵动,变得有生命力了,这才是有营养的数学!你是会学习的孩子!

指导教师:孔庆艳

数 数

二年级（3）班　康雯彬

　　周六，我和妈妈去姥姥家玩，到了姥姥家跟大家打完招呼后，我就到院子里跳绳去了。

　　我跳的正起劲时，发现我那可爱的 3 岁的小妹妹正蹲在旁边数着："1、2、3、4、5……10"，再往后数她也数不清了。我就告诉她："数跳绳不能只看手摇了几下，还要看着脚抬了几下，跳了一下数一，跳第二次数二。"我又教她如何往后数，在我的帮助下，妹妹的数数有了很大进步。她可以从 10 数到 20，从 20 数到 30，最后数到 40。

　　这个周六过得太有意义啦，教妹妹数数我非常高兴。等她再长大点儿的时候，我会教她更多数学知识。

　　【点评】在快乐的游戏中你带着妹妹数数，既锻炼了身体，又开发了小妹妹的智力，而且你又过了当小老师的"瘾"可谓一举多得！收获不小。

指导教师：孔庆艳

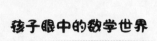

我的上下铺

二年级（3）班　李紫凝

　　过几天就是我的生日了，爸爸妈妈说要给我一个大大的惊喜！

　　放学后，我迫不及待地跑回家。刚到家，妈妈就蒙上了我的眼睛，这么神秘。我感觉到爸爸打开了房间的门，妈妈用手蒙着我的眼睛，小心翼翼地走着，妈妈说："注意了，我要松手了。""天哪！谢谢爸爸妈妈，我早就想要上下铺。"我说，我迫不及待地想去躺一躺，但是被妈妈拦住了。妈妈说："你想上去吗？不过你要回答我的问题？"我点了点头，"你数一数上铺有多少根木棍组成？"妈妈说。我把自己的想法说给妈妈听"上铺的木棍分成 2 份，左面和右面都一样多，每份有横向的木棍和纵向的木棍。每份有 13 根纵向和 4 根横向，横：$2 \times 4 = 8$，纵：$13 + 13 = 26$，共 $8 + 26 = 34$。"说着的同时，我就跳上了床，妈妈一把拉住我，摇着头。我纳闷了，不对吗？我再仔细一看，哦，原来有 38 根，忘记四周的木棍了。妈妈说："这次放过你，下次别再粗心了啊！"

　　【点评】 在这个有趣的小故事中，你会恰当使用所学词语，并且故事中为数学知识的运用做了良好的铺垫，使得数学知识与语文知识水乳交融，产生一种和谐的美。

指导教师：孔庆艳

除法的力量大

二年级（3）班　刘思彤

　　今天，妈妈买了一大堆我爱吃的葡萄，我馋得直流口水，妈妈在一旁笑着说："你如果要吃葡萄，就先回答我的问题。""什么问题？"我问道。妈妈不慌不忙地说："小明比小红多 8 支铅笔，他要给小红几支笔，两人才一样多？"我想了想，这不就是把多出来的 8 支铅笔平均分成两份吗？拿其中的一份给小红两人就·样多了。可以用老师教过的除法 8÷2=4（支）来解决。我把想法告诉妈妈，妈妈笑了，她夸我是个很聪明的孩子，而且给了我一大串葡萄。我高兴地吃起了葡萄，我觉得这次的葡萄最甜最好吃了，因为这是我用智慧换来的。

【点评】想学数学真的很方便，生活中处处都有数学知识，粗心的小朋友却发现不了，细心的你很会捕捉！

指导教师：孔庆艳

采摘西瓜

二年级（3）班　齐家兴

　　周末我和爸爸、妈妈还有我可爱的妹妹，一起去西瓜地里采摘西瓜，一路上阳光灿烂。我对爸爸说：我要摘西瓜地里最大、最甜的西瓜送给妹妹。到了西瓜的种植大棚里我大声地喊："哇！好多的西瓜啊！"我开始认真地挑选起来。我一共采摘了10个西瓜，回来送给姑奶奶3个，又送给姥爷3个，我还剩下10-3-3=4个西瓜，爸爸问："家兴，咱家这4个西瓜大约重多少千克？"我开始估算，每个西瓜大约重2千克，4个西瓜重多少千克。2乘以4等于8千克。于是，我告诉爸爸家里还有大约8千克西瓜。爸爸伸出了大拇指。

　　我学会质量的换算，以后买东西就可以自己认清物品价签了。

【点评】通过一次快乐的采摘，可以发现你是一个有爱心的好孩子，并且还能利用所学的估算和质量单位知识去解决遇到的问题。老师为你点赞！

指导教师：孔庆艳

巧算价钱

二年级（3）班　徐婧萱

星期天我和妈妈弟弟兴高采烈地去超市购物，今天的任务非常艰巨，我要把所学数学知识应用到实际生活中去。

我们选了三件商品，分别是 19 元，39 元，49 元，妈妈在结账前让我认真算出得数，我想了想所学方法，算得 107，结账时给了收银员 200 元，心里已经算好应找 93 元。收银员阿姨看我个子不高，好奇地问我是如何算得 107 的？我迅速讲了我的算法：乘法与加法混合法，个位全是 9，三九二十七，10+30+40+27=107。阿姨和妈妈对视点头微笑认同。回来的路上妈妈问我还有别的方法吗？我摇了摇头，妈妈提醒我在你没有学习乘法时的简便算法，举一反三书上的方法。噢！我脑子突然闪现出与妈妈一起学习的"凑十法"。我回答道：20+40+50-3=107。妈妈满意地点点头，语重心长地说："数学无处不在，方法也不止一个，一定要学以致用.课内的课外的知识一定要做到融会贯通，举一反三，从小打好基础，语数是不分家的。"我用心的记住了妈妈的话，对数学的学习充满兴趣和向往。

小朋友们这两种简便算法你学会了吗？

【点评】你会用多种方法去解决生活中的数学问题，可见你是一个爱动脑筋，并且能从不同角度思考问题的聪明孩子，继续努力！

指导教师：孔庆艳

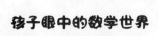

我用小手掂一掂

二年级（3）班　韩紫沐

今天，我和妈妈买了 1 瓶水，一共 2 块 6 角，我掂了一下，大约 500 克，看了看瓶子，实际是 590 克。又买了一瓶驱蚊水，掂了一下大约 100 克，实际是 130 克。我觉得我的小手越来越有准了。以后我还要练习估计物品的质量。今天早晨我吃了 30 克面包，60 克牛奶还有 30 克香肠，中午我吃了 100 克米饭、80 克粥和 20 克毛豆。晚上，我吃了 50 克米饭、60 克鸡腿、30 克的汤。妈妈说："猜一猜你一天吃了多少食品？"我说："我当然会算了您看：3 个 30 加 2 个 60 加 2 个 100 再加一个 50。算出来了我一天一共吃了 460 克食物。"妈妈说："你的数学知识真没白学！"

【点评】利用所学的数学知识去生活中解决问题，老师也想说你的数学知识没白学，长期坚持，你的小手简直成了公平秤了！

指导教师：孔庆艳

数学有力量

二年级（3）班　赵新格

秋天到了，梨园里一片丰收的景象。看着那大片的梨园，爷爷和强强喜上眉梢。

爷爷一边摘梨，一边用手擦去脸上豆大的汗珠，强强虽然为爷爷感到高兴，可是觉得爷爷太辛苦了，忍不住爬上了树帮爷爷一起摘。

摘着摘着，觉得又饿又渴，不由得跟爷爷发起牢骚："爷爷，摘梨太累了，这一篮子的梨能卖多少钱啊？况且我什么时候才能摘满一筐啊？"爷爷看了看强强，慢条斯理地说："孩子，知道什么叫做积少成多吗？一个梨大概200克左右，你再坚持一下，摘到50个梨这个筐就会被你填满，你已经快成功了。"强强刚刚在老师那里学到了重量单位，眼珠一转，说："爷爷，一筐梨大约是10千克！上次我看到超市里梨是6元/500g，那么我的一筐能卖多少钱呢？让我算算，哦！是120元，对吗？我摘满一筐就等于帮爷爷挣到了120元！"爷爷使劲地笑着点点头，脸上的皱纹更深了，可爷爷的心里更甜了。

强强鼓足了劲，一口气摘了满满一筐梨，看着自己的劳动成果，他虽然有点累但是心里却很轻松，是数学给了强强力量。

【点评】你的数学日记很有创意，普通的采摘，小事一桩，却蕴含着大道理，让人感受到饱经沧桑的老人对孙子的真挚的爱。数学的力量也让强强懂得了爷爷生活的艰辛！

指导教师：孔庆艳

生活中的数学

二年级（3）班　秦朗

Hi 大家好！我叫秦朗，今年 8 岁了，我是二年级的小学生。星期日早上，妈妈带我去图书馆，我看到了许多书摆在书架上。书架上大约有 100 本书，这些书排成一横排，我数着"1！2！3！……100！"整整一百本，我发现我估数的能力越来越强大了。

妈妈对我说："凡是能被 3 整除的都拿出来！你能推算出每排现在多少本书？"

我答道："100÷3=33 余 1，所以 100 以内能被 3 整除的数有 33 个。"

妈妈连连夸我："你真聪明！"我开心地笑了。

【点评】去图书馆读书，也能发现数学问题，可以看出来妈妈是一个善于发现的人，而聪明的你——一个二年级的小学生居然能解答出来，可见你也是一个思维敏捷的孩子！

指导教师：孔庆艳

快乐的一天

二年级（3）班　徐楚阳

　　今天上午爸爸妈妈带我去儿童游乐场玩了，我玩了很多好玩的项目，最喜欢玩的是一个高5米的滑梯，从上面往下滑的感觉真是太爽了，还玩了蹦床，我通过绑在身上的弹力绳能在空中完成后滚翻连翻3个，在旁边围观的叔叔阿姨大概二十多人都在看我的后滚翻，然后我还玩了大概高5米的攀岩，全程不需要教练带我，我自己一个人独立爬到了最顶峰。之后还玩了一些其他的项目，游戏项目结束后好累好饿啊，爸爸妈妈就带我去饭店吃饭。我们一共花了306元，爸爸给了服务员阿姨400元，然后爸爸问我，阿姨应该给我们找多少钱？我想了想回答94元，阿姨夸我说小朋友你真棒！数学真是太有趣了，我们生活中到处都有数学的存在，今天玩的真开心啊！

　　【点评】生活中数学的知识无处不在，你有一双会发现的眼睛，能够及进捕捉到数学的影子并把它们记录下来，真了不起，继续努力！

指导教师：孔庆艳

我用小手来做秤

二年级（3）班　杨梓靖

　　有一天我们去超市买水果，超市里有很多苹果，我掂了掂一个苹果感觉很重，觉得应该有 100 克重，称完重量结果苹果重 150 克，我觉得我估计得误差有点大，于是我又向前走，刚走几步看见了一把香蕉，我掂量着香蕉大约重四斤，结果称完重量果然是四斤，并且我知道 4斤是 2 千克。妈妈说："宝贝，你的小手能当秤用了。"我非常高兴，然后陪妈妈在超市里转了转，就走回了家。

　　【点评】生活中应用数学知识的地方很多，逛超市这件小事情中，你能应用新学的质量知识，掂一掂来实际感知物品质量，真正让数学知识发挥出它应有的价值，老师很佩服你！

指导教师：孔庆艳

生活中的数学

二年级（3）班　刘云雷

　　今天，天气晴朗，爸爸开车带我和妈妈到香山公园游玩。路上，爸爸开了导航显示距离是 35 千米。我们用了半小时就到了。妈妈问我："你知道爸爸开车的平均速度是每小时多少千米吗？"我知道了路程是35 千米，时间是半小时，也就是 0.5 小时，路程÷时间=速度。就是用35÷0.5=70 千米/小时。通过妈妈的帮助，我终于计算出爸爸开车每小时的平均速度了。

　　【点评】生活中真是处处有数学呀！一次快乐的旅行都能激发出思维的火花，你能在游玩中理解速度的问题，真不简单，孺子可教也！

指导教师：孔庆艳

我的一分钟数学

二年级（3）班　马景赫

今天我做了一些 1 分钟测试，这些测试结果分别是这样的：

我 1 分钟拍球 125 个，1 分钟跳绳 98 个，1 分钟走路 118 步，1 分钟读书 102 个字，1 分钟数学口算 17 道题，1 分钟写生字 7 个，1 分钟脉搏跳动 78 次。

经过这些测试，我觉得我的写字速度有点慢，需要加强练习。我要把这些数据先记录下来，过一段时间，我要重新测试一遍，看看自己有没有提高和进步。同时我也发现一分钟我居然可以做那么多事情，所以以后我一定要珍惜分分秒秒，坚决不能浪费时间。

【点评】在认真完成 1 分钟测试作业的同时，能够记录下来，更难能可贵的是还能有所感悟，你真是一个珍惜时间的好孩子！

指导教师：孔庆艳

爷爷带我去钓鱼

二年级（3）班　张嫠溪

　　夏天来了，又到了每年钓鱼的季节。爷爷是个钓鱼高手，每周末都会带我去钓鱼，我也就成了爷爷的小助手。这次我有个新任务，就是帮爷爷制作钓线，一套钓线由 450 厘米主线和 70 厘米子线，还需要 6 颗太空豆、1 枚八字环、1 枚漂座。今天我们一共要制作 7 套钓线，渔具店里有 30 米一盒的渔线 45 元、50 米一盒的渔线 70 元、太空豆一包有 8 颗卖 8 元、八字环一包有 4 枚卖 5 元、漂座一包有 3 枚卖 6 元，爷爷给我 200 元说剩下的都归我，这我可要好好算算最少我要花多少钱才能把钓线做好啦？最终我运用估算、有余数的除法还有我们学到的数学知识，终于算出最少我要花 146 元，还能剩下 54 元，这笔钱又入了我的小金库。

　　我觉得，数学真的可以运用到我们的日常生活中，学习数学可以把看似很复杂的事情很简单的做完，数学真有趣！

【点评】你能够熟练运用数学知识帮爷爷解决生活中的难题，说明你会学以致用，举一反三，是个聪明的孩子！并且算完了账，你还有一笔小收入，真是乐在其中呀。

指导教师：孔庆艳

小小采购员

二年级（3）班　赵予烁

　　我们班要去春游，老师让我和小芳去超市给同学们买矿泉水，一共给了我们 100 元。

　　我和小芳在去超市前计算了一下，参与春游的男生有 18 人，女生有 20 人，共有 38 人，加上两位老师一共 40 人。来到超市，那里有农夫山泉和百岁山矿泉水。我建议，咱们买农夫山泉吧。小芳就问，是买 12 瓶一箱的，还是买 24 瓶一箱？其中 12 瓶一箱的卖 15 元，24 瓶一箱的卖 24 元。我说："咱们计算一下，如果买 12 瓶一箱的，买 3 箱够不够？"小芳说："$12 \times 3 = 36$ 瓶，不够还差 4 瓶。"我说："那就买 4 箱，12 瓶 $\times$ 4 箱 $= 48$ 瓶，这样足够了，有口渴的同学，还可以多喝一瓶。"小芳说："好，我们计算一下价格，4 箱 $\times$ 15 元 $= 60$ 元。"我说："我们再看看是买 12 瓶一箱的，还是买 24 瓶一箱的便宜。"小芳说："24 瓶一箱的需要买 2 箱（24 瓶 $\times$ 2 箱 $= 48$ 瓶），2 箱的价格是 2×24 元 $= 48$ 元。48 元小于 60 元。所以买 2 箱 24 瓶的更便宜。"于是我们一人抱了一箱 24 瓶的农夫山泉去收银台结账。我们给了收银阿姨 100 元，阿姨又找回了 52 元。

　　我和小芳开开心心地回到学校。老师夸奖我们遇到问题能想出合理的策略。

【点评】购物中的学问，很有数学实践课的味道。你思考得缜密、周到，能够考虑到省钱的方案，真是个细心的好孩子！

指导教师：孔庆艳

纸牌里的神奇

二年级（3）班　杨昀泽

今天妈妈给我变了一个小魔术，非常神奇。妈妈先让我拿来一些扑克牌，首先，她让我从中抽出一部分，不能少于9张，然后背过身去数一数有多少张，我一张张仔细地数，1，2，3，4……正好有10张，紧接着妈妈说："你记住了有多少张牌了吧？请把张数的个位数字和十位数字相加告诉我。"我心里默默的算着1+0=1"是1。"我说。妈妈说："那你拿出1张牌剩余的给我。"我按照妈妈说的，把其中的1张牌拿了出来，"现在要怎么做呢？"我急切地问妈妈，妈妈把我手中剩余的牌拿了过去，迅速地估摸了估摸，微笑着说："这里一共有9张！"我还没反应过来是怎么一回事，赶紧夺过来一数，果真是9张！"您怎么知道的？是巧合吧，我要再试一次！"我不服气地说。于是，我这次抽了比较多的牌，我把个位十位相加等于6告诉了妈妈，然后把6张牌扔了出去。妈妈拿过剩余的牌又观察了几秒，镇定地说："这里还有18张。"我心里想：24-6=18，对啊，妈妈又算对了。我目瞪口呆，不敢相信妈妈什么时候成了拥有魔法的魔术师！我让妈妈教给我，妈妈放下手中的纸牌跟我讲起道理来。

原来这是个神奇的数学问题，其实所有的数字减去它个位和十位之和都等于9的倍数，比如10-（0+1）=9，24-（2+4）=18……你只要估算一下剩余的牌数就可以了！同学们，快来给你的爸爸妈妈变一变吧！你知道拿出100张牌还剩几张吗？

【点评】一位懂教育的妈妈，一个爱学习的孩子。多么益智的小游戏呀！从游戏中能够探究规律进而学到数学知识，真是在快乐中学习，快乐地收获知识！

指导教师：孔庆艳

一年级

二年级

三年级

四年级

五年级

六年级

分 西 瓜

三年级（1）班　康璟晨

一天我的妈妈去超市买西瓜，回到家里我和妈妈、爸爸一起吃西瓜，爸爸把这个西瓜平均分成了九块，我吃了两块，爸爸吃了四块，妈妈吃了三块，然后妈妈问我："如果我们没吃，你吃的块数也不变，还剩下几分之几？"我在心里默默的算着"1—2/9=7/9"然后我回答妈妈说："如果你们没有吃的话还剩九分之七。"然后爸爸又问："如果你吃了这些西瓜的九分之三，我吃了这些西瓜的九分之四，那妈妈吃了这些西瓜的几分之几？"我回答爸爸说："如果你吃了这些西瓜的九分之四，我吃了这些西瓜的九分之三，那就是说用 4/9+3/9=7/9 然后再用 1—7/9=2/9，答案就是妈妈吃了这些西瓜的九分之二。"妈妈又问道："如果把这个西瓜分成十块，我们都吃了十分之三，还剩下多少？"然后我找来一张纸和一支笔开始算了起来，我先用 3×3/10=9/10，然后再用 1-9/10=1/10。我回答妈妈说："如果我们都吃了这个西瓜的十分之三就还剩十分之一。"爸爸、妈妈都夸我。

【点评】文章来源于生活，并运用了所学分数的知识，且延伸出了分数的乘法问题，可见你对分数的意义掌握的非常好。知识来源于生活，必定要回归生活。

指导老师：王玉倩

千克和斤的关系

三年级（1）班　高梓涵

　　我觉得，数学是一门让我开心又兴奋的课程，因为课上老师让我们开动脑筋，想很多奇妙的方法解决问题。数学是和生活紧密相连，分不开的。

　　我们在学习重量单位克、千克、吨的时候就和生活联系到了一起。例如计算大象的重量时就需要用吨作单位，如果用克作单位，那就太麻烦了！比如算又小又轻的物体时就得用克作单位，例如草莓、西红柿、樱桃等小物体。

　　有时候遇到一些我不清楚是多少千克时，我就用自己做参考，因为我是 32 千克，64 斤，这样就知道这个物体是比我轻还是比我重了。

　　我一定好好学数学，解决更多问题。

　　【点评】吨的认识是三年级数学下册的重要章节，在生活中处处可见。读了此文，感受到小作者对于"吨"这个质量单位有了很好的认识，并且借助自己的体重来感知某些物体的轻重，是个好办法。

指导教师：王玉倩

数学日记

三年级（1）班　胡芷菡

　　星期天上午，我和爸爸手里拿了大约 20 千克的水，到楼下去洗车。就在这时候，爸爸问了我一个问题："20 千克等于多少克呢？"过了一小会儿，爸爸看我一时想不出答案，就教了我一个方法："1 千克等于多少克呢？"我很快就想出了答案"是 1000 克！"我心想："要是 1 千克等于 1000 克，再用 20 乘以 1000 等于 20000 克。"我高兴地说："我想出来了！我想出来了！最终答案是 20000 克！"爸爸笑着说："你真聪明。""那么 10 吨等于多少千克呢？"这时我又想："1 吨等于 1000 千克，再用 1000 乘以 10，等于 10000 千克。最终答案是 10000 千克！"爸爸很高兴："看来你已经学会运用这种方法了。"我也很高兴："是的！"爸爸说："你一定要记住我教你的这种方法啊，非常重要哦！"我心想："这种方法真不简单啊！我一定记住这种方法，好好学习。不让爸爸妈妈再为我的学习操心了！"

【点评】吨的认识是三年级数学下册的重要章节，在生活中处处可见。此文通过洗车的小故事，把克、千克、吨的概念整理得非常清晰，包括这三者间的进率，可见生活是知识的实践基地。

指导教师：王玉倩

马路边的数学

三年级（1）班　孔祥伊

　　今天我和爸爸出去玩。我突然看见了一根躺倒在地上的红绿灯杆。我的心一下子被勾起了兴趣。平时看到的红绿灯杆都是高高地站在十字路口上的，今天这根躺倒在地上倒可以测量一下。用什么量呢？我想了一会儿，突然想出来用步量吧。我沿着红绿灯杆边走了 13 步，我估计了一下我的一步接近 50 厘米，用尺子一量，是 40 厘米。用 13 乘 40，就可以得出红绿灯杆的长度了。用 13 乘 40 不好算，还不如先用 40 乘 10 等于 400，40 乘 3 等于 120。如果不算 40 乘 3，可以先不看"零"，4 乘 3 等于 12，在 12 后面加一个零就是 120 了。最后一项加得数，400 加 120 等于 520。我终于算出红绿灯杆的长度了。通过这次的事情，让我知道了：生活中到处都是数学，只要勤于观察，善于动脑，就一定可以解决。

【点评】在玩的时候看到一根红绿灯杆，就想到运用数学知识解决灯杆高度的问题，能够看出你是个善于观察、勤于思考的孩子。生活中处处有数学，老师相信你一定能够应用学到的数学知识解决更多的生活中的问题。

指导老师：王玉倩

去买菜

三年级（1）班　杨梦吉

　　星期六，我和妈妈一起去市场买菜，我边走边对妈妈说："妈妈能不能让我做一次小主人，独立买一次东西呀？"妈妈说："好啊，我们今天要买2斤黄瓜，2斤西红柿和3斤土豆。让你锻炼一次，给你50块钱，我只在后面看着。"我高兴地说："好哎！"同时心里还有一些小激动！

　　到了市场，我跑到卖菜的摊子前，对卖菜的叔叔大声说了我要买的东西，叔叔给我称好菜后对我说："小朋友，你能算出这些菜一共多少钱吗？"我说："等一下！"我一边看写着菜价的牌子，一边心里默默地算着，黄瓜2元1斤，2斤要4元，西红柿3元1斤，2斤要6元，土豆2元1斤，3斤要6元。"一共16元！"我大声地说出来，并把50元钱递给了叔叔，他说："真不错！那你再算算，我要找给你多少钱呢？""34元！"我脱口而出，"我天天都练习口算，这个问题可难不倒我哟！"叔叔把菜和钱都给我后说："小朋友，你真棒！"

　　回到家后，我兴奋地跟爸爸说了事情的经过，爸爸说："好啊！那你以后就做咱家的采购员吧！"

　　【点评】 购物问题是生活中最为常见的问题，把菜市场当做练习口算的实践场地很有创意，久而久之我相信你的口算水平一定会有提升。

指导老师：王玉倩

分蛋糕

三年级（1）班　许兆南

　　生活中处处都有数学，它在生活中有着重要的地位，妈妈过生日的时候我就用到了它。妈妈 33 岁的这天晚上，我们全家来到酒店的包房里，一起给妈妈过生日。服务员把蛋糕端上来后，我们点上蜡烛，让妈妈许了一个愿望，然后把蜡烛吹灭，这时妈妈说让我来给大家把蛋糕分一分。我数了数，我们一共来了 8 个人，于是我就把蛋糕平均分成了 8 份，每个人都拿一块，这样大家就都能吃到一样多的蛋糕了。

　　我在这次分蛋糕的时候就正好用上了我们正在学习的分数。这次给妈妈过生日让我知道了数学是有多么的重要，只有学好数学，才能在别人面前展现自我！

　　【点评】你说的非常有道理，生活中处处有数学。比如，分数就和我们的生活密不可分，在这个分蛋糕的问题上，你注意到了要把整个蛋糕进行平均分这个重要细节，说明你对分数的意义理解非常透彻。抓住生活的小细节，让数学帮我们来点缀美好的生活吧！

指导老师：王玉倩

是谁偷吃的苹果

三年级（1）班　张子灏

　　动物国里的动物们都不知道苹果是什么东西。有一天，一只大象从人类世界回来，带了一样东西，他说："我带回来了一个世界上最好吃的东西。"小动物们纷纷问道："这个最好吃的东西是什么呀？"大象神秘地说："这个东西就是苹果呀！"动物们问："苹果？苹果是什么东西呀？"大象骄傲地回答道："苹果呀，就是一种水果。"小动物们焦急地问："苹果好吃吗？""很好吃啊！"大象回答道。

　　第二天早上，小猪、小猫还有小狗去到大象家。他们问大象："大象先生，您能把从人类世界带回来的苹果让我们看一眼行吗？"大象说："可以呀。"接着他就从一个盒子里把苹果拿出来了，苹果刚被放到桌子上就停电了。停了大概就一分钟的时间，等到灯再亮起来的时候，大象一看，"呀！我的苹果被谁咬了一口啊？"大象惊讶地问道。小猪、小狗和小猫都说不是自己咬的，大象只好给黑猫警长打电话。过了一会儿，黑猫警长来了。他左看看右看看，沉思了一会儿说："你们把嘴都张开。"黑猫警长在小猪的牙缝里发现了一小块苹果皮儿，非常肯定地说："大象先生，是小猪把您的苹果咬了一口。"小猪非常后悔地说："大象先生，对不起，是我咬了你的苹果。"大象先生非常体谅地说："没关系，我可以再到人类世界去买苹果的，如果以后你想吃就可以来找我，不用再偷偷吃了。"

　　大象先生把剩下的半个苹果切开平均分成四个小块，他问他们："你们想一想，每个人分到了这个苹果的几分之几呢？"小猪抢先回答："每人分到了1/4。"小狗立刻反对说："不对，应该是1/8。"大象先生问小猫："你觉得他们俩谁说得对啊？"同学们，你们也帮小猫想想吧。

　　答案：小狗说得对。

因为把半个苹果平均分成 4 份，一个苹果就是 8 份，所以一小块就是 1/8。

【点评】故事很有趣，最后的问题很有创意，让我们听故事的同时又学到了知识，此故事涉及了分数意义中的整体"1"的概念，通过小故事，让我们更加完整地理解了分数的意义。而且你的想象力很丰富。

指导老师：王玉倩

买雪糕

三年级（1）班　李子宜

在生活中，我们都离不开数学。

今天，妈妈带我去买书。来到书店，我挑了一本盼望已久的书。我们来到了收银台，妈妈忽然问我："你买的书是 16 元，我买的杂志是 13 元，然后又买了三支圆珠笔是 6 元，付了 50 元后，找给咱们多少钱？你答对了，我就用找来的钱给你买雪糕吃。"我想了想，16 加 13 等于 29，29 再加 6 等于 35 元，50 减 35 等于 15 元，于是我说："找回 15 元！""好，我就用这 15 元给你买雪糕。"妈妈爽快地说。来到超市，妈妈又问我："咱们买了两个 3.5 元的雪糕，我又买了一包 4 元的湿纸巾，还剩下多少元？"我想：3.5 元乘以 2 等于 7 元，7 元加 4 元等于 11 元，15 减 11 等于 4 元，我说："还剩 4 元。""非常好。"妈妈夸赞我。

数学真是无处不在呀！

【点评】你能应用学过的数学中运算的知识解决购物中的一些问题，在这个过程中感受到了数学无处不在，真是个用心的孩子！希望你能运用数学知识解决更多的问题。

指导老师：王玉倩

买肉饼

三年级（1）班　姜伟桐

今天是星期六，我们全家都休息，早上起来，妈妈高兴地让我去一家叫"老家肉饼"的饭店买一些早点。

我计算了一下，从我家到"老家肉饼"大约是 500 米，平均我每分钟走 200 米，一个来回大约是 10 分钟，再加上上楼 10 秒，下楼 10 秒就是 10 分钟 20 秒回到家。

下面，再说说我花了多少钱吧，我妈妈给我拿了 30 元，服务员阿姨找我 9 元，那么我要的问题来了，我花了多少钱呢？30 元-9 元=21（元），这样问题就又解决了。

通过今天的事情，我明白了一个道理，生活中处处可见数学，甚至时间都有数学的奥秘……

【点评】数学在我们生活中随处可见，你能够看到生活中这么多的数学问题，你一定是个热爱生活、爱观察的孩子。我们学习数学，就是为了解决生活中的问题，让我们的生活更加丰富多彩。在今后的学习中我们还会发现更多数学的奥秘，到那时你的生活将更美妙。

指导老师：王玉倩

过生日中的数学

三年级（1）班　郑秋怡

　　在生活中我们处处能遇到数学，也就是这样，人们渐渐离不开数学。下面就来听听我的故事吧！

　　在我九岁生日那天，爸爸给我买了一个大蛋糕，我特别开心！在晚饭的时候，妈妈把大蛋糕拿出来说："现在开始切蛋糕啦！"我拿起刀子，切了 1/8 给奶奶，切了 1/8 给姥姥，切了 1/8 给爸爸，切了 1/8 给妈妈，切了 1/8 给弟弟，最后我又切了 1/8 给自己。这时，爸爸问我："咱们一共吃了这个蛋糕的几分之几啊？"我说："用 1/8 × 6 = 6/8，一共吃了 6/8。""那还剩这个蛋糕的几分之几啊？""用 1−6/8=2/8，还剩 2/8。"妈妈又问："如果爸爸、妈妈、姥姥和弟弟加起来，一共是几分之几啊？""一共有 4 个人，所以有 4×1/8=4/8。""那是 1/8 大还是 2/8 大呢？""分母相同，分子越大，分数越大，分子越小，分数越小，所以 2/8 大！"爸爸和妈妈异口同声地说："你真聪明！"

　　这就是我的数学故事之一，你的数学故事呢？

　　【点评】文章来源于生活，并运用了所学分数的内容，且延伸出了分数的乘法问题，可见你对分数的意义掌握得非常好，不过还可以增加平均分过程，这样分数的意义就更加完整了。知识来源于生活，必定要回归生活。

指导老师：王玉倩

我爱数学

三年级（1）班　段绍翌

　　我爱学习数学，因为数学的世界里有很多有趣的故事，不仅有数学趣闻乐事，还能结出科学成果，给我们的生活劳动带来了很多可笑有趣的故事。数学里的数字，跟我们的生活有很大的联系，人类离开科学，离开数学就不能生存，不能生活。数字连着生活，比如我住在小区 27 楼 4 单元 502，我 6：00 起床用 20 分钟到校上学，8：40 上完第一节课。因为我用心学习，认真钻研，我的数学考试得 100 分。你看这一串串数字就把我的住处、上学路程、学习专科、考试成绩，都表达出来了。数字有趣吧，跟我们的生活离不开。

　　数学还有很多科学成就，卫星上天，航母下水，高楼林立，立交桥凌空，都是科学家精确运算数字、施工人员一丝不苟完成建设的结果。

　　数学的每个数字还跟词语有关，这些词语形象生动给人美妙的回想。比如一心一意为人民服务。心情不好七上八下，朋友多的五湖四海，说话算话的一言九鼎，贫嘴的人说三道四，朋友住的四面八方。这些带数字的成语短小精悍，表达故事情节一目了然。

　　所以我爱数学，我要认真学习数学课程，励志做一名数学家，为人民做好事，做对祖国有贡献的事。实现我当一名数学家的梦想。

【点评】数学在我们生活中随处可见，你能够看到生活中这么多与数学有关的内容，你一定是个热爱生活，善于观察的孩子。你热爱数学，志向远大，希望你好好学习，实现自己的理想。

指导老师：王玉倩

超市里的数学

三年级（1）班　魏小迪

今天，我和妈妈来到了超市。一进超市我被琳琅满目的商品深深地吸引住了，这里的商品让我目不暇接，我都不知买些什么了。

我们开始进行采购了："有面包、牛奶、苹果、巧克力和薯片。它们的价格分别是：面包是 15 元、牛奶是 10 元、苹果是 6.7 元、巧克力是 21 元、薯片是 12 元。"妈妈问我说："你在心中快速的默算一下，这些东西 50 元够吗？"我赶紧在心中默算一下，然后回答妈妈说："不够"。妈妈问我为什么不够，我告诉妈妈："我先把整十数算了，发现够 50 元，还要把不是整十的数加上，肯定超过 50 元了，所以 50 元不够。"妈妈会心一笑，摸着我的头夸我真棒！我很开心。并告诉妈妈说这些都是在学校里老师教给我们的，我都牢牢地记住了。

通过这次超市采购，让我知道了学好数学很重要，数学在我们身边无处不在。

【点评】购物问题是生活中最为常见的问题，你能应用运算的知识灵活地解决问题，能看出你是认真学习、思维灵活的好孩子。希望今后你能灵活应用数学知识解决更多的问题。

指导老师：王玉倩

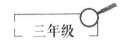

吃蛋糕喽

三年级（1）班　黄嘉琳

　　去买蛋糕啦！去买蛋糕啦！我非常兴奋地来到蛋糕店，可是问题来了：我到底是买正方形蛋糕还是圆形蛋糕呢？我想，如果把圆形蛋糕架在正方形蛋糕上，那么正方形蛋糕会比圆形蛋糕多出 4 块小扇形的蛋糕角。那么正方形蛋糕可以吃的多。爸爸说："对，就应该买正方形蛋糕！"虽然蛋糕的形状确定了，可是尺寸是多少呢？我想，我们家有 5 口人，每人只用吃 $\frac{1}{5}$ 就好了，那么只用定做 10 寸的蛋糕就可以了。最后，还有一个问题就是什么时间取蛋糕，如果上午 8 点 30 分去？不，这太早了！11 点 30 分，这个时间点不错，不早也不晚，正好。所有问题解决后爸爸带我离开了蛋糕店。第二天，我和爸爸准时到达蛋糕店，服务员说我们定的蛋糕在第 3 柜的正数第一个，我们拿好蛋糕付过钱高高兴兴地回家了。

【点评】在买蛋糕的这件小事上你想到了很多问题，并且自己很善于思考，运用数学知识解决了这些问题，感受到数学在生活中的用处。希望你继续做一名爱发现、善思考的孩子。

指导教师：王玉倩

我心中的好老师

三年级（1）班　徐子航

在我心中，我的老师们都是好老师。但是今天，我要给你们介绍的是我们的班主任王老师。王老师中等体型，留着短短的波波头，戴一副黑色的框架眼镜，皮肤白白净净的，同学们都很喜欢她。

我最喜欢上王老师的数学课，因为在上课之前，王老师都会做非常多的准备，利用各种各样的小道具在课上为我们演示数学知识。我们从中更加生动、具体地了解和掌握课堂上的新知识。比如前几天我们上的分数课，王老师就让我们利用小纸片进行观察。不同的折法，有不同的分数出现。同学们折的不亦乐乎，用上了各种各样的方法创造出了不同的分数。在数学课上经常充满了我们惊奇的感叹声。

在王老师的数学课上，我们学到了很多数学知识。有些知识我们以前只是知其然，现在也能知其所以然。有些是我们从未了解过的数学世界。王老师通过她的方式为我们打开了数学世界的大门。从不会到会，从不懂到懂，王老师帮我们揭开了很多的数学奥秘。这就是一位我心中的好老师。

【点评】真高兴我能够成为你心目中的好老师，不过我更愿意做你学习中的魔术师，帮你解开一个个问号，帮你探寻数学中的秘密，用数学的眼光去看世界，让数学变得更好玩。

指导老师：王玉倩

我眼中的数学世界

三年级（1）班　张萨

　　数学在我的眼里是很有用的，在日常生活中它随处可见。比如我要买 3 听饮料，每听饮料 2 元，一共需要多少钱呢？这就需要用到数学世界里的乘法，就是用 3×2=6（元），买 3 听饮料需要 6 元。还比如我有 100 元，我打算买 25 元一本的书，我能买多少本呢？这就要用到数学世界里的除法了，就是用 100÷25=4（本），用 100 元我能买 4 本这样的书。

　　最近，在数学世界里我学习了分数，我对这个奇妙的问题产生了浓厚的兴趣。妈妈买了一桶油，第一个月妈妈用了这桶油的二分之一，第二个月妈妈用了 2 千克的油，刚好是这桶油总量的四分之一，请问原来这桶油有多少千克？第一个月妈妈用了多少千克的油？

　　同学们！这道题你们会算吗？数学世界是不是很有意思呢？让我们一起用我们的智慧打开数学世界的大门吧！

　　【点评】你举了一些很恰当的例子说明数学在我们的生活中随处可见，正如你所说，数学是有用的，是必不可少的。相信你一定是个爱观察、爱思考的孩子，今后能运用更多的数学知识解决更多的问题。

指导老师：王玉倩

古桑园一日游

三年级（1）班　王一鸣

上周六，天气晴朗，我和妈妈怀着愉快的心情出发了，我们的目的地是安定镇御林古桑园。

从家到古桑园 27 公里，共需要 44 分钟，由此可以计算出 1 分钟走 27 除以 44 等于 0.61 公里。相当于 1 小时走 0.61 乘以 60 约等于 36 公里。妈妈虽然车开得慢，但是很让人放心，我们安全地到达了目的地。

在古桑园，感觉天气更热了，我看见桑葚树，高大挺拔，树叶繁茂，挂满了紫黑的桑葚，像一串串黑色珍珠，在微风的吹拂下，树叶向我招手，桑葚向我微笑。我急切地摘了起来，采摘到自己心爱的桑葚。我和妈妈又在外面买了一些，我们问老板："多少钱一斤？"老板说："5 块钱"。我们一听，价格还很公道，算下来买八盒只需 5 乘 8 等于 40 元，我们便很爽快的买了几盒。最后，我们带着满满的收获回家了。

这一天我过得非常开心。

【点评】在你的大脑里真是藏了很多数字呀！可见数学在我们的生活里随处可见，路程问题、购物问题……这一天的收获真不小，你有小数学家的潜质。相信在今后的学习中你会有更多的收获。

指导老师：王玉倩

我与数学的故事

三年级（1）班　於皓天

当我还在幼儿园的时候，我就开始跟数学打交道，那时候，我以为1+1=2这样简单的加减法就是数学的全部，觉得数学非常简单！

有一天，我发现爸爸在画一个由六个面组成的图形，我问爸爸："这是什么？"爸爸说是长方体，因为我完全听不懂，所以我赶快问："那长方体是什么呀？""长方体是底面为长方形的直四棱柱！"爸爸说，"算了，不跟你讲了，讲了你也听不懂，等你到小学六年级的时候就知道了。""这些都跟数学有关吗？"我问道。"当然有关啦，因为数学是跟我们的生活息息相关的。"爸爸说。

我现在已经三年级了，经常跟着爸爸妈妈去超市买东西，回来后还可以通过上面的价格来比较一下哪个更便宜，我就会跟爸爸妈妈建议下次买便宜的，爸爸妈妈就会夸我是一个精打细算的小会计，虽然我还不知道"小会计"是干什么的，但我相信一定是跟数学有关的。

前不久，我在工厂看到了我爸爸设计的净水器，跟我那时候在他电脑上看到的几乎一模一样，我用卷尺量了量，一共5米长，3米高，我当时就告诉爸爸："这个面的面积是15平方米！"爸爸笑着说："你又一次把数学应用到了生活中，等你小学毕业的时候，就会算出它的体积了。"我听完这话，觉得数学太有趣了，太神奇了，对数学充满了期盼！

【点评】由感觉数学简单到感觉数学太有趣、太神奇，老师发现你对数学已经有浓厚的兴趣。"兴趣是最好的老师"，相信你一定能学好数学。

指导老师：王玉倩

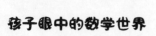
一根冰棍里的数学

三年级（1）班　孔梓涵

　　放学后，天气还很热，我顺道买了一根冰棍儿解热。买完冰棍，我拿着找回的零钱和冰棍儿去找正在等候我的姥爷。我仔细地数了数，对姥爷说："我拿了 5 块钱，一根冰棍一块五，还剩 3 块 5，还能再买两根，对吗？"姥爷说："对，那么，2 根冰棍多少钱？""3 块！"我快速的回答。"那么 8 根呢？"姥爷问。"这个，好像是：11 块吧？""是 11 块吗？""哦哦，应该是 12 块！"我恍然大悟。"这就是你粗心了，对了，快把冰棍吃了，别再化了。""对啊！"我赶忙打开包装，美滋滋地吃着冰棍。"没想到一根小小的冰棍包含着这么多知识，真了不起！"也是因为这些数学知识，我觉得这根冰棍更好吃了！

【点评】多可爱的孩子呀！用数学知识解决了买冰棍儿的问题，这根冰棍儿都变得好吃了。只要你认真学习、善于思考，你能用数学知识解决更多的问题，你也会感觉到数学更有用了！

指导老师：王玉倩

有趣的圈地问题

三年级（1）班　汪绪森

　　早上，老师让我们圈地，让我们用 4 条围栏和一面墙，围出三种方法并说出面积。长围栏是 12 米长，短围栏是 5 米长，我首先想到的是长用两根长围栏，宽用两根短围栏，12×5=60（平方米）一共是 60 平方米，我又想到一种方法，长用一面墙剩下两个宽和一个长同样乘法。依然一样还是 12×5=60（平方米）。最后一种方法是把第二种方法横过来，算法还是一样也是 12×5=60（平方米）。

　　我发现一个规律面积都是 60 平方米，也同样是这几个长和宽，因为它长围栏和短围栏的长度是一样不变的，所以面积也不会有变化，只不过是东西变了。

　　【点评】长方形和正方形的面积问题是三年级数学下册的重点单元，通过阅读此文章，可以看出你对长、正方形的面积问题有了更深的认识，包括面积与长和宽的关系、面积与周长的区别，你真是个爱思考的孩子。

指导老师：王玉倩

期中考试后的反思

三年级（1）班　张诗佳

　　这个学期我数学期中考试成绩是 95 分，分数不低。妈妈开完家长会把答题卡拿回来，我对照试卷看完后自己还是陷入了深深的思考。我发现扣的 5 分全部丢在了"长方形和正方形面积"这个单元上了。长正方形面积与周长这两个内容掌握的还不够扎实。例如考题：一个边长是 4 厘米的正方形，它的周长和面积比（　　　）A：面积大　B：一样大　C：无法比较。我草草读完这道题，心里想"这道题面积和周长都是 4×4=16 啊！"于是不假思索的选了 B：一样大。其实这道题是书上的原题，只是换了一种问题的形式。王老师课上给我们讲过，虽然得数一样，但一个求的是面积，一个求的是周长，单位不同，有着不同的含义，是无法比较的！就如拿一个人的身高和另一个人的体重去比，是一点可比性都没有的。

　　老师说过，每一次检测都是对所学知识的查漏补缺。通过这次考试我找到了自己需要"补"的知识，同时也发现了自己在学习过程中需要改进的地方。平时上课认真听讲，多积累，做题要认真读题，再下笔！学习的道路还很漫长，我要勇敢面对学习中的困难，真正成为学习道路上的强者！

　　【点评】你是一个爱学习、会学习的好孩子，我相信通过这次检测你一定成长了很多，学习就是这样从错误中成长的，面对问题我们要迎难而上，这样我们才是强者，胜利的彩旗就会离我们更近。

指导老师：王玉倩

我生活中的数学故事

三年级（2）班　吴怡雯

在我们生活中，处处都会用到数学知识，下面这个故事很简单，但对我来说有很深刻的数学启蒙意义。

在我 7 岁的某一天，我去京客隆买冰淇淋，我买了 5 根，一根给爸爸，一根给妈妈，一根我自己吃，还有二根给我们店里的阿姨，这 5 根冰淇淋的价格都是 3.5 元。我来到收银台，热情而漂亮的阿姨问我："小美女，一共需要多少钱？"我睁着大大的眼睛，摇摇头："我不知道。"阿姨微笑着告诉我："一共 17.5 元，你给我了 20 元，我应该找你多少钱？"我羞涩地看着阿姨，还是摇了摇头，小声地说："不知道。"阿姨笑了笑，摸了下我的头，似乎在安慰我，继续笑着说："20 减 17.5，我应该找你 2.5 元。"我挥挥手和阿姨说再见，低着头走出了京客隆。

回到家，我迫不及待地问妈妈："妈妈，5 个 3.5 元的冰淇淋怎么算？20 减 17.5 又怎么算？"妈妈耐心地告诉我："你没学乘法，就用 5 个 3.5 相加，和就是 17.5；20 减 17.5，你可以先把 20 变成 20.0，这样，你就好算了。"

现在回想起来，这个故事依然记忆犹新，数学对我们非常重要，生活中的许多数学故事告诉我们一个道理：一个结果，可以通过不同的途径实现，只要我们扎实掌握知识，并灵活运用。

【点评】你把数学写活了，又极具幽默、诙谐。字里行间渗透着对数学的挚爱和亲情，更有对数学深刻而又独特的感悟。并且你的想象力很丰富，这将有助于你数学上的学习和进步。

指导教师：杨洋

数学日记

三年级（2）班　曹佳琦

今天对于我来说是一个非常重要的日子，学习健美操快一年了，第一次参加比赛，我是既高兴又非常紧张。但对于我来说也是非常兴奋的，可以一展身手，检验我们这一年来的学习成果。

老师要求我们中午 12：00 到学校集合。上午 10：30 分，妈妈和爸爸带着我去吃了些东西，然后回家里化妆，11：45 到达学校，已经来了好几个同学了。12：00 我们上车准时出发了。半个多小时，我们就到了比赛的学校——亦庄实验学校。

那个学校是一所比较新的学校，设施很好。我们来到了体育馆，老师组织我们进行排练。14：00 比赛正式开始，我们是小组第一个出场，我们尽了最大的努力，得了 90.07 分。我们怀着不安的心情观看其他队伍的表演，但是没有一个队伍分数超越我们。我们得了第一名，老师和同学都高兴极了！

下午 3：00 客车把我们送回学校，15：40 分到达学校，妈妈来学校接我，我高高兴兴地和妈妈回家了。

沉浸在喜悦之中的时候，问题来了：同学们你知道今天我从为比赛做准备到从学校回家一共用了多长时间呢？答案是 310 分钟，你们答对了吗？

【点评】孩子，你的时间观念非常强，能够有效利用时间。时间安排得井井有条，并且能记录下来，非常棒！

指导教师：杨洋

我的数学课堂

三年级（2）班　王俊淇

　　小明回家必须经过的那段马路。今天这段路终于修好了，小明他们终于可以不用绕道了。

　　几个小伙伴连蹦带跳，走得满头大汗。小军气喘吁吁地说："今天怎么格外热啊？"小刚回答："今天咱们在大太阳下面走，当然热了。"原来啊，他们上个月一直走的那条路，远是远了点儿，但是马路两边全是树，太阳晒不到，所以回家的路上根本感觉不到热。

　　看小明没有说话，小刚推了小明一下，问："你想什么呢？"小明望了望路的尽头，说："要是这条路两边都种上树该多好啊！"小军也望了望路的尽头，说："好倒是好，可那得种多少树啊？这条路可够长的。""这条路有100米！"小胖胸有成竹地说。"多远种一棵合适呀？"小军不假思索地说："隔一米种一棵，让路两边都是树，这样就一点儿阳光也照不进来了。""那怎么行，隔一米种一棵，小树长大以后，树枝根本没有地方伸展了。"小明反对。"那就5米吧。"小军也意识到一米太近了。小明见小军变得这么快，立刻问道："如果隔5米种一棵的话，你说这条路是得种多少棵树？"小军马上就说："20棵""哈哈哈，一猜你就会算错。"小明乐得直不起腰。小军不知道他们为什么乐成那样。

　　同学们，你们知道小军的问题出在哪儿了吗？

　　原来，马路一共有两边，先求出一边种多少，在乘以2就知道一共需要种多少棵了。马路长100米，相隔5米种一棵，100里有几个5米呢？100÷5=20（个）。由于第一棵是直接种上的，不需要间隔，所以间隔数比需要种的棵数少1。棵数应该是20+1=21（棵），所以一共需要种21×2=42（棵）。

【点评】你的思维能力非常强，懂得运用三年级学过的知识解决实际的问题，100里面有20个5米，但是第一棵树是直接种的并没有间隔，你的思考非常全面。

指导教师：杨洋

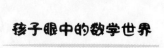

我生活中的数学—爬楼梯

三年级（2）班　张梓雄

前几天我和妈妈一起回家，发现电梯竟然坏了。没办法，只能爬楼梯上去了。

我飞快地从一楼跑到二楼，妈妈边追我边喊："我给你记了一下，你从一楼跑到二楼大约用了 10 秒，你算算我们从一楼到 17 楼一共要多长时间呢？"我的脑子飞快的运转着：每一层要 10 秒就是 16 个 10 秒，就是 160 秒，2 分 40 秒！"2 分 40 秒"我大叫着。"很好！"妈妈边说边对我竖起大拇指。

终于爬到了 10 楼，还有 7 层楼就到啦！可我已经体力不支。妈妈问我："现在你觉得 2 分 40 秒能回家吗？"我说："不能，一开始没有想到实际上的问题，咱们先以 10 秒一层的时间算，爬到 10 层中间休息了两分钟，由于太累了，就以 15 秒一层的速度爬完剩下的楼层，那么重新计算，爬到 10 层，一共走了 9 层，每层走 10 秒，就是 90 秒，加上休息的 2 分钟是 3 分 30 秒。从 10 楼走到 17 楼一共走了 7 层，每层走 15 秒，一共是 105 秒，即 1 分 45 秒。3 分 30 秒+1 分 45 秒=5 分 15 秒。"我细心地算了起来。

"真棒啊！"妈妈不得不对我刮目相看了！

【点评】图文并茂，写得非常好。大家都知道解决应用题该如何做，但是实际生活中并不然，上下楼梯不仅要考虑到每上一层所用的时间，而且还要考虑到是否能保持匀速，具体情况具体分析很重要。

指导教师：杨洋

数学日记——千克与克

三年级（2）班　曾奥

　　在数学世界中，有许多有趣的问题。比如重量，大的重量有吨，千克，小的重量有克，还有比克小的毫克，甚至微克。比如汽车大约是 2 吨左右。大的火车重量几乎 20 吨。大象的重量甚至有 5 吨，苹果的重量约是 100 克，这就是重量单位。

　　关于重量问题还有我们学过的一篇课义，给我留下的印象非常深刻，就是曹冲称象的故事。课文中曹冲先把大象放到船上，在水面所达到的地方做上记号，再把船装载上石头然后称下石头的重量，那么就能知道大象的重量了。这个故事告诉我，遇到问题时要善于观察开动脑筋想办法，所有的问题就都能迎刃而解。在数学世界里还有许多知识需要我们去探索去学习……

【点评】你已经深刻地认识了质量单位"千克"和"克"，并在学习知识过程中发展了观察、想象、交流、实验等能力。

指导教师：杨洋

我生活中的数学

三年级（2）班　曾诺依

北京的雨水本不是很多，可偶尔的几场大雨下来，我们家客厅的木地板被从窗缝偷偷溜进来的雨水泡坏了，连墙面也遭了殃。今天是阴历五月初五，是我国传统的节日——端午节。一大早，妈妈对我说："今天过节，商场一定有特价，我们去看看地砖和墙漆吧，把客厅再装修一下！"

我和妈妈来到了居然之家，这里瓷砖的品种可真多啊！有"蒙娜丽莎""金意陶""诺贝尔"……后来我们来到了马可波罗专卖店，一进门我们就被一款地砖吸引了。这时，导购阿姨走了过来说："你们真有眼光！这是我们店最优惠的一款砖了，而且款式精美，原价 168 元一片，打折后是 87 一片，今天定购非常划算，节后就恢复原价了。"妈妈考虑了一下决定就定它了。我们和阿姨坐下计算价格，阿姨了解到我们家40 平的客厅大约需要 66 片砖，阿姨问我："小朋友你会算吗？"我说："会，用 $87 \times 66 = 5742$ 元。"阿姨说："真棒，如果按原价呢？"我说："按原价，用 $168 \times 66 = 11088$ 元，11088 元 $- 5742$ 元 $= 5346$ 元，哇！节省了 5346 元，快一半价格了！"阿姨说："对啊！"妈妈在一旁也笑了。后来我们还计算出客厅需要用的 45 条踢脚线价格，每条 15 元，$15 \times 45 = 675$ 元；6 支美缝剂，每支 258 元，$258 \times 6 = 1548$ 元。我在想："我们一共要花 $5742 + 675 + 1548 = 7965$ 元"。我调皮地对妈妈说："妈妈，你准备好 8000 元去结账吧！"妈妈笑笑说："好吧！你真会算！"

结完地砖的款，我们又来到卖墙漆的地方。在那里我了解到，我们家 40 平方米的客厅，是要刷三面墙的，总面积大约是 118 平方米，一平方米人工费用是 17 元，$17 \times 118 = 2006$ 元，这样算刷墙的话要支付人工费 2000 多元。

生活中的数学知识可真多啊！我们时时处处都可见到它的奥妙。今天是个快乐的端午节，收获真不小！

【点评】这个端午节一定给你留下了深刻的印象。这一天，你用学过的运算知识，解决了装修客厅购买材料的问题，感悟到生活中的数学知识真多！对于爱学习的你，一定能运用更多数学知识解决生活中的问题。

指导教师：杨洋

数学日记：测量房子面积大小

三年级（2）班　陈剑宇

　　我想知道我家房子的面积大小是多少？但是卷尺不够长，我就测量地砖的面积。客厅、卧室、阳台的地砖一样大，每块地砖边长是 60cm，每块地砖面积：$60cm \times 60cm = 3600cm^2 = 0.36$ ㎡

　　客厅有 69 块地砖，面积：69 块 $\times 0.36$ ㎡/块 $=24.84$ ㎡。

　　卧室有 66 块地砖，面积：66 块 $\times 0.36$ ㎡/块 $=23.76$ ㎡；门口有两块长 70cm，宽 30cm 的地砖，$2 \times 70cm \times 30cm = 4200cm^2 = 0.42$ ㎡，总面积：0.42 ㎡ $+23.76 = 24.18$ ㎡。

　　阳台有 18 块地砖，面积：18×0.36 ㎡ $=6.48$ ㎡。

　　卫生间的地砖有 75 块，边长是 30cm，每块地砖的面积：$30cm \times 30cm = 900cm^2 = 0.09$ ㎡，面积是：75 块 $\times 0.09$ ㎡/块 $=6.75$ ㎡；门口有 1 块长 65cm，宽 30cm 的地砖，面积是：$65cm \times 30cm = 1950cm^2 = 0.195$ ㎡；总面积：6.75 ㎡ $+0.195$ ㎡ $=6.945$ ㎡。

　　厨房有 85 块边长是 30cm 的地砖，每块在地砖面积：$30cm \times 30cm = 900cm^2 = 0.09$ ㎡，85 块 $\times 0.09$ ㎡/块 $=7.65$ ㎡；门口有一块长 65cm，宽 30cm 的地砖，$65cm \times 30cm = 1950cm^2 = 0.195$ ㎡；总面积：0.195 ㎡ $+7.65$ ㎡ $=7.845$ ㎡。

　　最后算出我家的总面积：24.84 ㎡ $+6.945$ ㎡ $+7.845$ ㎡ $+6.48$ ㎡ $+24.18$ ㎡ $=70.29$ ㎡。

　　【点评】三年级下学期我们学习了长方形和正方形计算面积的方法，根据面积公式和家里瓷砖的大小测算出全屋面积，完成的非常好！你的认真、细致是同学们学习的榜样。

指导教师：杨洋

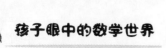

装修中的数学知识

三年级（2）班　王映程

这学期，我们数学课学习了周长和面积，回到家里，妈妈给我出了一道难题。她说，咱家有两间屋子需要再次装修一下，假设地面瓷砖50元一平方米，而壁纸也是50元一平方米的话，那这两间屋子在墙面和地面的花费是多少？我兴致勃勃地拿起了盒尺开始量房间啦！其中一间屋子她打算改造成衣帽间，长是4.2米，宽是2.6米，高是2.8米，那地面面积就是4.2×2.6=10.92平方米，墙面面积就是（4.2×2.8+2.6×2.8）×2=38.08平方米！那地面花费就是10.92×50=546元，墙面是38.08×50=1904元！另外一间屋子就是我的小屋了，我更有耐心地去量了，长依然是4.2米，宽3.2米，高2.8米。那接下来算就很简单啦，地面面积就是4.2×3.2=13.44平方米，墙面是（4.2×2.8+3.2×2.8）×2=41.44平方米！那地面花费就是13.44×50=672元，墙面花费41.44×50=2072元，两间屋子一共花了546+1904+672+2072=5194元！终于算好了，我拿着满满一页纸给妈妈炫耀，她说，不错，算的很仔细！真棒，我很高兴，原来学习数学不是只能用在做题和考试上，还可以用在生活中，还可以帮妈妈的忙！我更有兴趣啦！

【点评】学习数学不仅是为了提高思维能力，更是注重解决生活中的实际问题。用学到的知识帮助妈妈计算装修费用，孩子，你做得很棒！

指导教师：杨洋

数学中有趣的故事

三年级（2）班　王天屹

　　我特别喜欢数学，经常阅读一些关于数学知识和问题的书籍，我经常在阅读数学书籍时能发现一些有趣的故事，下面就讲给大家。

　　首先是分数的知识，分数是表示整体中的部分的数，整体叫做分母部分叫做分子。

　　然后是分数加法运算，加法运算时不能分母相加，分子相加。

　　数学在现实生活中有着巨大作用，在我们的房子，汽车，飞机，宇宙飞船，天气预报，数学在世界上无处不在。拿航天飞机说，"假如一架航天飞机在发射前着火那么就是设计时没有算好燃料喷出的时间"，这和我们的数学不是也息息相关。

　　数学在我们的生活中发挥着巨大的作用，使我们的生活更加便捷，所以我以后要好好学习数学，发挥数学在各个领域的作用。

【点评】数学知识贯穿于我们的生活中，可以说是无处不在，我们每天的生活都在不知不觉中运用着数学知识。希望你能好好学习，今后运用更多的数学知识解决更多的问题。

指导教师：杨洋

数学日记

三年级（2）班　徐大川

今天，我看了一本书，名字叫《哪吒大战红孩儿》。这本书里面讲了许多的数学知识。

有一章讲的是关于找规律的数学知识。话说有一回哪吒和木吒去找牛魔王要定风丹，牛魔王从翠云山芭蕉洞里连续扔出红色、黄色、绿色、黑色、白色等五色药丸。每轮有五个红色药丸，四个黄色药丸，三个绿色药丸，两个黑色药丸，一个白色药丸。各色药丸都是闪光弹、毒气弹、炸弹，会在空中爆炸。哪吒说牛魔王不讲信用。牛魔王说："我扔出的药丸中，第14轮的最后一个药丸是真定风丹。"哪吒和木吒算出每一轮有15个药丸，真定风丹就是第210个药丸。

通过这个故事，我知道了下面这个道理：有的数学题要先把规律找出来，这样计算起来会事半功倍。

我希望同学们都能每周读一本关于数学的好书，多增长知识！

【点评】你一定是个爱读书的孩子，并且善于思考，有自己的想法。你的倡议也很好，通过阅读我们可以增长知识、开阔视野，不断成长。

指导教师：杨洋

切豆腐

三年级（2）班　陈铭卓

今天，妈妈带我去菜市场买菜。我们买了很多菜，其中有一条大鱼和两块豆腐，准备回家做美味的豆腐鱼汤。一到家妈妈就开始洗鱼，并吩咐我负责切豆腐，她似乎要考考我，提这样的要求，每块豆腐只能四刀要切成 12 块。我说："太简单了。"说完，便立刻干了起来。

我准备先在纸上画一画，确定好了再切。我尝试了很多种方法，可以切成 8 块、9 块，如果考虑大小可以不等的话，还可以切成 11 块。可就是切不到 12 块，这可把我急坏了。我一会儿画图，一会儿看看豆腐，正当我急得抓耳挠腮的时候，一个灵感从我的脑中闪过，豆腐是立体的，也可以侧面切！我恍然大悟。说干就干，不到一分钟，我就用四刀切出了 12 块豆腐。后来我又想了几种不同的切法。当我把冥思苦想的"成果"拿给妈妈看的时候，她高兴地说："儿子，你真是太聪明了！居然有这么多切法，我都没想到呢！"我听了心里甜润润的。

【点评】你的想法非常好，想到了豆腐是立体的，并且想出好几种解决的办法，真是个善于思考的孩子！其实，生活中处处有数学，你有一双发现数学的眼睛。

指导教师：杨洋

数学日记

三年级（2）班　韩兆祎

数学是一种很奇妙的学科，在生活中，我们经常能够用到它，它让我们的生活变得既省事又方便。

比如：有一天妈妈的朋友来到我家做客，妈妈让我给客人沏杯茶，我大概估了一下时间，洗水壶用1分钟；洗茶杯用2分钟；烧开水用6分钟；拿茶叶用1分钟；洗茶壶用1分钟；接水用1分钟，我一算需要总计12分钟呢！我跟妈妈说12分钟后给客人喝上茶。妈妈说："这么长时间，客人肯定都口渴了，能不能再合理利用一下时间,尽快沏好茶。"我仔细想了想，烧开水的时候可以同时洗茶壶、洗茶杯、拿茶叶，这样总共才用8分钟，可以节省不少时间呢！妈妈说："做事情要合理安排时间，这也是数学知识，学好数学真的很重要哦！"

【点评】巧妙利用时间，烧水的时候可以拿茶叶洗茶杯，这样不仅能节约时间，还可以减少客人等待的时间。将时间优化利用，这里面蕴含着深刻的数学知识呢，相信你能解决生活中很多类似的问题。

指导教师：杨洋

我生活中的数学

三年级（2）班　龙泳杰

今天，爸爸妈妈要带我去建材市场，为我们家选购瓷砖。在来之前，我和爸爸做足了功课。

首先，我们把房间测量了一下面积，我用尺子量了一下，我的房间长 6 米，宽 5 米，这样我就知道我的房间面积是 30 平方米。妈妈和爸爸的房间长 6 米，宽 6 米，面积就是 36 平方米。爸爸说："要记好面积啊！一会儿看看咱们需要多少块瓷砖。"

我们来到建材市场，琳琅满目的瓷砖映入我的眼帘。我选了一款我喜欢的瓷砖，卖瓷砖的阿姨说瓷砖的规格是 800×800。我问妈妈什么意思，妈妈告诉我说瓷砖是个正方形，它的每个边长是 800 毫米。我们正好学了换算方法，我算了算 1 毫米等于 0.001 米，800 毫米就等于 0.8 米，我的房间面积是 30 平方米，一块儿瓷砖的面积是 0.64 平方米，30 除以 0.64 等于 46.88，那我的房间就需要 47 块儿瓷砖，妈妈和爸爸的房间就是 36 除以 0.64 等于 56.25，那就是 57 块儿瓷砖，47 加上 57 等于 104，那我们的房间就需要 104 块儿瓷砖。可阿姨说，你们要多买 6 块儿，瓷砖要有耗损。我们就定了 110 块儿瓷砖，每块儿瓷砖是 98 元，我算了算 110 乘以 98 等于 10780，我们要给阿姨瓷砖钱是 10780 元。阿姨说，先给定金 2780 元，剩下的钱货到付款就可以了。我又算了算还差阿姨瓷砖款 8000 元，告诉了妈妈我计算的结果。妈妈夸我算的非常正确，我心里非常高兴。

【点评】根据面积公式和家里瓷砖的大小测算出全屋面积，在这个过程中，你非常细致，做得很好！你一定能够灵活运用长、正方形面积公式解决更多的问题。

指导教师：杨洋

我生活中的数学

三年级（2）班　张君昊

　　我的生日快到了，妈妈带我去订蛋糕。我们来到了蛋糕店，进店一看，各式各样的蛋糕非常漂亮，我都不知道选什么了？最后，我和妈妈选了一个圆形的巧克力蛋糕，上面还有非常漂亮的草莓，我很喜欢。妈妈去结账了，我在店里看着店员阿姨做面包。过了一会儿，妈妈对我说："儿子，咱们的蛋糕是 299 元，妈妈的卡里只有 147 元，你帮妈妈算算，还差多少元 ？"我想了想，然后对妈妈说："这个太简单了，难不倒我。蛋糕的价钱是 299 元，您的卡里只有 147 元，用 299 减去 147 就能算出来了，是 152 元，您再给阿姨 152 元就可以了。"妈妈说："儿子，你太棒了，妈妈谢谢你。"我听了，心里美滋滋的。

　　我的生日终于到了，我的姥姥、奶奶、爸爸、妈妈还有很多亲人都来给我庆祝生日，我真是太高兴了。到了吃蛋糕的时候，爸爸说："张君昊今天你过生日，你来给大家分吧。"我说："好的。"我想了想在分蛋糕之前得先数一共有多少人，然后再分。我数了数人数一共是 20 人，就要分成 20 份。我对爸爸说："爸爸，今天来了 20 人，您帮我把蛋糕平均分成 20 块吧。"爸爸帮我把蛋糕分好，我给每个人拿了一块，谢谢大家来给我过生日。吃完蛋糕，妈妈问我："张君昊，你吃了一块蛋糕，那么你吃的是整个蛋糕的多少呢？"我答道："妈妈，我们现在正在学分数，这个我知道，蛋糕平均分成了 20 块，我吃了 1 块，就是二十分之一，对不对？"妈妈向我竖起大拇指。

【点评】分蛋糕时，想到了我们学习过的分数的知识，感受到了生活中处处有数学，正如你所说的，生活中处处有数学，因此我们要好好学习数学，解决更多生活中的问题。

指导教师：杨洋

有趣的数学本领

三年级（2）班　霍佳琦

　　生活中处处都有数学的存在，这是近几天我的最大发现！比如我早上梳头发时，需要找好两个皮筋、两个卡子和一把梳子，这一共就是五样东西哦。另外，我在帮助妈妈打扫卫生时，也会发现家里有的桌子面积很大，我需要洗两次抹布才能够擦干净，而我床头的小桌子桌面就很小，我两三下就擦完了。不过，我觉得用到数学知识最多的地方还是在超市里。

　　今天，我和妈妈一起到永辉超市里买东西。这个超市是新营业的，里面的环境很好。我想买一盒可擦笔和可擦的橡皮。我发现一盒可擦笔里有 20 只，一整盒需要 10 元。一块大橡皮是 1 元钱。我觉得可擦笔的数量可以够我用一段时间的，但是一块橡皮就不够用了。于是，我拿了 3 快橡皮。这时，妈妈让我自己算一下价钱，并且自己去交费。我还是有些紧张的，因为这是我第一次在超市里结算钱，很怕算错了呢。好在，我在脑子里想了几遍，觉得一定不会错。我向妈妈要了 20 元，我知道在交了费用后，我的手里还能剩下 7 元，这样我还可以在超市门口再买一个 6 元的煎饼呢。

　　去超市的经历，很锻炼我的口算能力。我必须快速在大脑里想着、算着加减法。要不是我每天都练习口算，今天妈妈临时让我结算，我一定会"出丑"的。

【点评】生活中这样的问题还有很多。你一定要继续把数学学好，这样生活中的你，本领就更大了！可以利用数学知识解决很多的问题！

指导教师：杨洋

数学中有趣的故事

三年级（2）班　刘函朵

有一天，妈妈给我推荐了一部动画片，动画片的名字叫《快乐的数字》。我给大家讲讲故事情节吧！

一天晚上，十个数字在数学书中跳了出来，你来猜猜这十个数字都是谁，当然是：1、2、3、4、5、6、7、8、9，还有一个0哦！小猴子也来了，说："我们做好朋友，一起来玩！"十个数字不约而同地说了一声"好"。小猴子说："我们来玩化妆游戏。"1变成了一支铅笔，2变成了天鹅，3变成了飞翔的大雁，4变成了一把伞，5变成了一把钥匙，后面的6、7、8、9、0都各自变成了不同的物品。可小猴子要它们排序，0想挨着9，可9不愿意，接着8、7、6、5、4、3、2都不想挨着它，它只好和1挨着了。0觉得它们都不喜欢它了，0变得有点委屈了。

小猴子又说我们来玩拔河，小猴子把它们分成了两队，0、1、2、3、4一队，5、6、7、8、9一队，开始比赛了，不管5、6、7、8、9的力气再大，也比不过0，只要哪队有0，哪一队就会赢。0有些自豪了，9不服气地说："不行，我要比哪个数字大。"比赛开始了，5先上去了，1、2、3、4都比不过5，9高兴地说："太好了，我们赢了。"没想到0和1一起上去了，组成了10，这时两队都想要0了，0太骄傲了，0都看不起9了。

但0还是离不开团体，哭了起来，小猴子想要0高兴，变了一个魔术，大家都因为小猴的魔术笑了起来，大家看到0不高兴安慰了0，0终于高兴起来了。

这时，大家看到已经早上5点了，它们该回到课本里了，它们绝对不会忘了这个愉快的晚上。

【点评】你的小故事带给大家更多的思考。大家要知道团体的力量才是最大的，过度的自卑和过分的骄傲都是不对的，要找到自己的优点或缺点，改掉缺点继续保持优点。

指导教师：杨洋

餐厅中的数学

三年级（2）班　袁涵祺

今天晚上，我和爸爸妈妈去了楼下小饭馆吃饭。路上在小卖店买了两瓶饮料，每瓶 3 块钱，当我打开其中一瓶饮料时，发现瓶盖里面有字，是"再来一瓶"！好开心！

兑完奖后，爸爸问我："现在合多少钱一瓶呢？"我说："2 块！"爸爸说："嗯，那便宜了百分之多少呢？"我想了想回答："35%"，(3-2)÷3。爸爸说："是 33%"。

【点评】将学到的数学知识运用到实际生活中去，并且解决实际问题，孩子，你做得很好。

指导教师：杨洋

端午游玩记之数学日记

三年级（2）班　芦妍朵

2017 年 5 月 26 日晚上，我和爸爸、妈妈出发去开封游玩。北京到开封的路程大约有 700 公里，前几天奶奶和弟弟回东北避暑，北京到东北距离有 1800 多公里，我和弟弟相距了 2500 公里，我很想我的弟弟和奶奶。北京到开封我们坐的软卧，票价爸爸、妈妈每人 285 元，我是儿童票 196 元，我们三人一共花了 766 元。我们到开封住了 2 天酒店，一共花了 360 元。

我们在酒店办好入住，就去了我们开封之行的第一站开封府。我们三人门票一共花了 152 元，开封府里有包公的铜像，很大很高，还有包公之前办案用的大铡刀，虽然包公是一位公正廉明的官员，但是在封建社会里会将人分为三六九等，铡刀分为龙头铡、虎头铡、狗头铡。俗话说"皇子犯法与庶民同罪"，龙头铡是给皇亲国戚用的，虎头铡是给官员大臣用的，狗头铡是给平民百姓用的。听完人家的讲解，我感觉现在的社会法律面前人人平等，我感到很欣慰。

我们逛完了开封府，中午又去了著名的"黄家老店"，吃了开封灌汤包、鲤鱼焙面、桶子鸡还有炒凉粉，这些都是开封的特色，很好吃，我们大约花了 200 元。吃完午饭下午我们又去了包公祠和大相国寺转了转拍照留念。晚上我们又去了鼓楼小吃街，吃了各种小吃大约花了200 元，第一天我们大约花了 1700 元。

第二天一早我们包了一辆车大约 100 元，围着潘家湖和杨家湖沿路参观了龙亭、天波杨府和中国瀚园还有步行街，导游说"宁在杨家湖洗脚，不在潘家湖洗澡"。因为杨家将是一代名将，而潘仁美是大奸臣，我觉得我以后要向杨家将学习，做一个令人爱戴的人。我们边逛边听不知不觉已经到了中午，开封的天气实在是太热了，我们在稻香居吃完后，又找了一家书吧在里面看书喝咖啡休息，我们大约花了 300 元。下午天气凉快了一些，我们来到了清明上河园，这是按照清明上河园来建造的，里面非常大。我们买的是能看演出的门票，三个人一共花了 660 元。园区里有很多穿着古装的工作人员表演过去的生活场景，感觉自己就像穿越到了古代。晚上我们观看了大型水上实景演出《大宋-东京梦华》，演员很多，场景也很美，场面非常壮观，我们一直看到晚上 9 点多才回去，第二天我们大约花费了 1100 元。

第三天一大早，我们乘坐火车前往郑州。火车票很便宜，我们三个人共花了不到 40 元。我们又去了黄河风景区，我们是炎黄子孙，我第一次看见了黄河，并坐船在黄河上参观，门票和气垫船船票一共花了 360 元。下午回到市里爸爸妈妈带我又去吃了好吃的，我们还买了好多当地的特产一共花了 600 元，晚上 10 点我们踏上了回京的火车，车票一共 700 元。玩了三天好累啊，可以在车上美美地睡上一觉了。第三天我们花费 1700 元，在开封、郑州这三天小长假里我们一共花了 4500 元。

谢谢爸爸妈妈带我出去游玩，这三天里我开阔了眼界，增长了见识，学习到了很多书本学不到知识。

【点评】在旅途中，运用所学的数学知识计算花费问题，同时又学习到很多书本上没有的知识，还能愉悦身心、开阔眼界、增长见识，这次旅游，你的收获一定很多！

指导教师：杨洋

国道和高速

三年级（2）班　王子达

春节期间，我们自驾去黄山玩，意外地遇上了高速堵车，爸爸看情况不对，就找了一个匝道下高速走国道。导航赶快播报："已为您重新规划路线，距离目的地还有 268 公里，预计需要 4 小时 36 分钟。"

我很迷茫地说："不是吧，刚才在高速上不是只有 217 公里吗，这肯定是绕远了吧！"

爸爸说："虽然绕远了，但是不会等这么长时间了呀！高速上堵车少则 2 小时，多则数小时呢。"

我想：汽车走一公里浪费 1 元，踩一次刹车浪费 1 角，国道上总有 30 个红绿灯计算：268×1+30×0.1=271 元，高速上堵车 1 分钟踩刹车按 10 次算，217×1+2×60×10×0.1=337 元。果然是走国道要少得多呀！

所以，我建议大家游玩时尽量避免高峰出行哦。

【点评】你是一个爱思考的孩子，运用数学知识，经过严谨的计算，你得出的结论非常好，错峰出行不仅能节约时间成本，还能节约经济成本呢。

指导教师：杨洋

有趣的数学题

三年级（2）班　闫一然

　　妈妈今天给我出了一些题让我做，其中有一道题目是这样的：有 3 件不同的上衣，4 条不同的裙子，有多少种不同的搭配法。

　　一开始看到这道题感到有点难，我仔细地把题目反反复复地看了几遍，想出这道题的两种解答方法。

　　一种是画图：

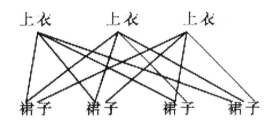

　　从图中我数出有 12 种不同的穿法，这种方法一目了然，但是比较麻烦。

　　另一种是列式：4×3=12（种）

　　这种列式计算的方法是在画图的基础上归纳出来的，比较简便。

　　妈妈看到我做对了这道题，而且还用了两种方法，高兴地夸我是个爱动脑筋的好孩子。

【点评】画图在数学学习中有很重要的作用，你运用画图帮助自己解决问题，看来你是一个善于思考、会学习的孩子！相信你的数学思考能力会越来越强。

指导教师：杨洋

买东西

三年级（3）班　班子超

今天上午，我 7：30 起床，花了五分钟穿衣服，8：00 开始吃饭，吃了大约 20 分钟，然后我和我妈妈去了超市。

我和我妈妈下楼后，往东走 500 米，路过一家小超市，我进去买了一根冰棍，花了 1.5 元。

后来我和我妈妈往西北方向走了一条大马路，再向南走了几百米。到了永辉超市后，我在 1 楼拿了一辆小推车。我和妈妈去了卖水果的地方，买了 6 个大苹果和一把香蕉。我们还去买了一包小猪样的包子。

到了二楼，我还买了很多我爱吃的零食，比如蓝莓面包、饼干等等。

今天我买了好多好吃的，我非常开心。

【点评】通过你的日记，老师发现，你的数学学得可真棒，能运用学过的知识解决生活中的问题，以后也要继续保持这样的能力哦！

指导教师：李杨

去超市

三年级（3）班　成十一

今天，我和我妈妈去超市。我说："妈妈咱们比赛算钱吧！"妈妈说："好的。"我和妈妈就进了超市，里面有各种各样的东西。妈妈说："我们要买黄瓜、胡萝卜、圆白菜、西红柿、苹果、西瓜等你想吃的东西。"我说："我想吃巧克力、鸡蛋和樱桃。"说着我们就去买了。到了超市二楼，我找到了黄瓜、胡萝卜、圆白菜、西红柿，它们分别是 2.3 元一斤、1 元一斤、3.1 元一斤、0.8 元一斤。我找的都是蔬菜。然后妈妈去拿袋子买了 4 元的黄瓜、3.2 元的胡萝卜、6.8 元的圆白菜、3 元的西红柿，一共加起来是 4+3.2+6.8+3=17 元。接着我找到了苹果、西瓜、樱桃，它们分别是 0.8 元一斤、8 元一斤、1.2 元一斤，我的妈妈又买了 4.3 元的苹果、14 元的西瓜、8 元的樱桃，加起来是 4.3+14+8=26.3 元。再加上我的巧克力是 21 元。合起来是 17+26.3+21=64.3 元。我和妈妈结账的时候异口同声地说："一共 64.3 元。"收银员说："对了，一共 64.3 元。"最后我和妈妈开开心心地回家了。

【点评】通过你的日记，老师发现，你的数学学得可真棒，能和妈妈一同算出花了多少钱，真好！以后也要继续保持这样的能力哦！

指导教师：李杨

时差的密码

三年级（3）班　高浩铭

　　国庆节假期里，我和爸爸妈妈去杭州玩。到了杭州我们先来到一家宾馆住宿。一进宾馆大厅，我就被挂在墙上的 4 个不一样的钟给吸引住了。四个钟面分别显示着：北京 12：05，纽约 12：05，莫斯科 8：05，伦敦 5：05。

　　我好奇地问妈妈："妈妈，为什么钟面上的时间不一样呢？"

　　妈妈笑着说："傻瓜，这是因为时差的关系呀。"

　　"什么叫时差呀？"我迫不及待地追问。

　　妈妈回到房间耐心的跟我解释："因为地球每天都在自转，当太阳照射到北京时，在地球上另一面的纽约就成了黑夜，所以北京和纽约钟面时间一样，但实际上，它们相差 12 个小时。而莫斯科和伦敦距北京相对近些，所以时间相差要相对小一些。莫斯科与北京相差 4 个小时，伦敦与北京相差 7 个小时。人们把两地区时间的距离称为'时差'。"

　　哦，原来这就是所谓的"时差呀"！

　　到了下午，妈妈突然问我："现在北京时间是 16：30，你知道此时的纽约、莫斯科、伦敦分别是几时几分吗？"

　　我立刻在心里快速的计算着：16：30-12：00=4：30，16：30-4：00=12：30，16：30-7：00=9：30。

　　"此时的纽约是 4：30，莫斯科是 12：30，伦敦是 9：30。"我肯定地回答，妈妈听了竖起大拇指夸我真棒！

【点评】通过日记，老师发现你可真是一个不懂就问的好孩子呢，也是一个聪明的好孩子，就连时差这么复杂的问题，你都能一点就通，还能利用所学到的数学知识计算出不同城市的时差，真是太棒啦！

指导教师：李杨

逛超市

三年级（3）班　高梓诺

今天，妈妈给了我 100 元让我独自去超市买东西。我兴高采烈地推着购物车就去了。

到了超市，我直奔购物区走去。我先给姥姥买水果，因为水果里有营养。接着给弟弟买巧克力，但是我就买了一块，因为我怕他长蛀牙。然后给妈妈买的话梅、酸奶，最后给爸爸头的酸奶！我买了一块巧克力花了 5 元、两袋面包花了 10 元、一小包火腿肠 5 元、薯片三桶搞活动 20 元、酸奶两排 18 元 5 角、饮料 17 元 3 角、水果 24 元 2 角。

到了收款台，我把这些东西交给收银员阿姨，阿姨一件一件的扫码后告诉我说："一共 100 元整"。我把钱交给阿姨高高兴兴地回家了。

到了家，妈妈看着这些琳琅满目的商品，妈妈表扬我啦！我高兴得一蹦三尺高。

【点评】通过日记，老师发现你可真是一个独立的孩子，这么小就能自己去超市帮妈妈买东西，一次性还买了那么多，并且还能很准确地知道花了多少钱，小学数学学的真不错呢，希望以后继续加油哦！

指导教师：李杨

去菜市场买菜

三年级（3）班　韩诗雯

今天，我和妈妈去买菜，进入菜市场，我看见了爷爷最爱吃的小龙虾。于是，我和妈妈说："今天是父亲节，爷爷爱吃小龙虾，咱们买点给爷爷过节吧！"妈妈夸我说："好闺女，真懂事！知道孝敬长辈了，妈妈支持你！那我们多买点，大家都可以吃好不好？"我说："好。"

于是，我和妈妈来到摊位前，我问道："阿姨，你好，今天是父亲节，我爸爸出差了，我想买点小龙虾给爷爷吃，替爸爸给我爷爷过节，多少钱一斤啊？"阿姨说："小朋友真懂事，真乖，懂得孝敬长辈。好，本来呢35元/斤，看你这么懂事，就给你便宜5元吧！"我说："谢谢阿姨！"阿姨又说："那现在是多少钱一斤啊？"我心里一想（35-5=30），我张口就说："30元。"阿姨又说："你要多少斤？"我想了想，家里爷爷、奶奶、妈妈还有我这个小馋猫，估计也得两三斤吧？于是，我转过身问妈妈："我们要2斤还是3斤？"妈妈说："你决定吧！"我想了想，大声地告诉阿姨："3斤吧。"阿姨说："那一共多少钱？"我马上告诉阿姨30×3=90元。妈妈给了我100元，我递给阿姨，阿姨说："我该找你多少钱？"我说："10块。"阿姨说："你真聪明，小姑娘，还懂事！"我说："谢谢，阿姨！"

我和妈妈一起提着小龙虾，开开心心往回走，我心里想，今天真好。

【点评】通过日记，老师发现，你可真是一个懂事的好孩子，这么小就知道孝敬父母和爷爷，还记得父亲节这么重要的节日，是一件值得表扬的事情哦，另外，小学数学的知识也很好的运用到了日常生活中，真的很厉害，希望以后继续加油哦。

指导教师：李杨

积分卡

三年级（3）班　雷俊阳

今天下午 1：10 分我去阳光新语，辅导班上英语课和大语文课，我走进了英语教室发现才刚刚到了三个人，我等了 2 分钟后所有的人都来了。我们老师第一件事是给我们每个人 400 的积分，我高高地举起了小手问老师："为什么要给我们 400 的积分呢？"老师说："因为你们要报下一期的英语班呀。"后来老师问了一个问题，我赶忙举起了手，老师叫了我的名字，我大声地回答了问题，虽然我说的英语不太流畅，但是我还是回答对了，老师给了 2 个积分。

下课后我赶紧到另外一幢楼去上大语文课，大语文的老师是一位很漂亮的大姐姐，她是一个大学生，也是一位可爱可亲的老师，她上课的第一件事是检查上一节课留下的作业，老师看到我工工整整的作业表扬了我，说我进步很大，也给了我 5 个积分，一个小时后我们下课了。今天我一共得了 407 分，我下次一定要表现得更好，才能得到更多的积分从而换取到我心仪已久的礼物，我要更加努力，我对自己说："加油"！

【点评】通过你的日记，老师发现，你课外补习学的东西也挺多的呢，看起来过得很充实，数学也运用的很不错，不过小朋友也要学会劳逸结合哟，要适当的休息，做点自己喜欢的事情哦。

指导教师：李杨

去游泳

三年级（3）班　李睿佳

　　我和妈妈一起去游泳。我们走进游泳馆，我第一眼就看到了对面墙上写着水深 1.2 米和水深 2.0 米。我们去的是 1.2 米水深的泳池。

　　准备好了我就对妈妈说："我要先下水可以吗？"妈妈说："当然可以了！"我们在水里游了 5 个来回，我算了算游 5 个来回一共是多少米？

　　游泳池的长度是 50 米，我是这样算的，我先要算出 2×50=100（米），算出了一个来回的长度，然后我又用 100×5=500（米），就算出了 5 个来回的长度了。我看了一下妈妈的表，时间就像一列快车，现在已经 5：30 分了。我们要回家了。

　　我和妈妈过了一个愉快又美好的星期六！

【点评】作为一名旱鸭子，老师真羡慕你会游泳啊，你看你不仅和妈妈一起游泳，体验到了游泳的乐趣，还能很迅速地算出自己游泳的长度，真是个厉害的孩子，希望继续保持，继续加油，将数学知识运用到生活中的点点滴滴。

指导教师：李杨

逛超市

三年级（3）班　林一凝

今天，爸爸妈妈带我去了一个大超市。

超市里的东西真多呀，有文具、食品、玩具、电器、服装还有生活用品等。妈妈对我说："宝贝，我们要买一些玩具给弟弟，你来挑一挑吧。"

给弟弟的玩具？该选什么呢？我想了想，走到玩具区，开始认真地挑选起来。

我给弟弟买了一只毛绒玩具狗，我看了标签：15 元。我把玩具狗放到购物车里之后，马上就又被一套米粒小医生道具吸引住了。这套道具需要 45 元。接着，我又选了字母毛毛虫（80 元），七键迷你电子琴（64 元）和一本纸板书（19 元）。我简单地估算了一下，大概是 220 元左右，我把我估算的结果告诉了爸爸妈妈。爸爸高兴地说："嗯，我们在交钱时看一看你估算的结果对不对吧？"妈妈也说："你选的玩具也不错哦！回去时，最好能给弟弟一个惊喜！"

在交钱时，一共花了 223 元。我得意地笑了，我估的真准！

【点评】通过你的日记，老师发现你的心算很不错哦，很快就能估算出所有玩具的大概价格了。在日常生活中，心算能力非常的重要，希望你以后也能这样很快算出来哦！

指导教师：李杨

分蛋糕和牛奶

三年级（3）班　刘芳如

　　今天下午，有 4 个小朋友来我家吃蛋糕，那个蛋糕我平均分成了 8 份，每份是这个蛋糕的 1/8，如果分给这 4 个小朋友，每人分到这个蛋糕的 2/8，后来妈妈拿来了一盒牛奶，一个小朋友说："把这盒牛奶平均分成八份，每份是这盒牛奶的 1/8，可一会儿还有 2 个小朋友来，这样一算，就有 6 个小朋友，这可怎么分啊？"我想了想，说："把这盒牛奶平均分成 12 份，每人分到这盒牛奶的 2/12。"

　　下午 1 点了，他们都要回家了，我对他们说："再见，欢迎下次再来！"他们说："好的，下次有时间一定来！"

【点评】通过你的日记。老师发现，你的小学数学的分数学得很不错哦，还很成功地运用到了生活中呢。另外，将自己家的东西大方的分享给其他小伙伴真是一个棒棒的品质，希望你以后继续保持这种大方的品质哦。

指导教师：李杨

恍然大悟

三年级（3）班　刘润冬

今天早上，老师把数学练习册发下来了，我一看，"怎么错了一道应用题？"我惊讶地说。又仔细一看，原来是少写了一步换算。我认真地想了一想，20400 米应该等于多少千米呢？$20400 \div 1000 = 20.4$ 千米，哦，原来是 20.4 千米，我改正之后交给老师批改，老师看了之后又说："245×30 的得数应该是米，而不是千米。"我又看了一遍恍然大悟，原来是一个算式的单位写错了。我再次改正后给老师看，这次完全正确了。今天让老师给批改了两次，以前都是一次就过，我觉得学习就要认真思考，认真检查，不要慌张不要大意才是好学生。

【点评】通过日记，老师发现，你有一点小马虎哦，老师在你这么大的时候，在学习上也是一个有点小马虎的孩子呢。不过，没有关系，发现自己的错误在哪里以后，及时纠正才是最重要的，希望你以后做一个认真仔细的孩子哦。

指导教师：李杨

数学广角

三年级（3）班　任征浩

这是一个细雨蒙蒙的星期二，我撑着雨伞去学校。突然发现一楼的《学习园地》围着许多的同学，在好奇心的驱使下，我想马上跑去看个究竟。当我走近一看，"哇原来是数学广角又出新题目了！"难怪会吸引这么多名同学围观。我钻进人群，看到上面写着这么一题：一个人要过河，他只有一只小船，还带了3样物品，分别是狗、鸡、菜。那么问题来了：这个人一次只能带着一样物品过河，人不在的时候狗会吃掉鸡，鸡又会吃掉菜，怎样才能把3样物品运到河对岸呢？我仔细一想，答案出来了。因为狗不吃菜所以第一步先把鸡运过去，其次再把狗运过去，与此同时再把鸡运回来，再运菜，最后把鸡再运过去。答案就出来了。

【点评】通过你的日记，老师发现你可真是太聪明了，这种益智的数学题就连老师都要思考一会儿才能答出来，你竟然这么迅速地就答出来了，真是太赞了。

指导教师：李海芳

逛书店

三年级（3）班　任紫琨

今天，我的语文练习册找不到了，我和妈妈一起去买，我们到了新华图书馆，先去找了语文练习册，我看到了价钱是 22.8 元，然后我和妈妈说："妈妈，我可不可以看一下别的书呢？"妈妈说："可以"。于是我就去看了看其他的书，我看见了《淘气包马小跳》，这本书 16 元。我又去看了看，看见了《美国队长》，这本书的价钱和淘气包马小跳是一样的，价格也是 16 元。于是，我和妈妈决定买这 3 本书：22.8+16+16=54.8（元）。我和妈妈一起去到结账的姐姐那里，给了 60 元，找回了 5.2 元。这就是我们买书的过程。

【点评】通过你的日记，老师觉得你真是一个喜欢阅读书籍的好孩子，老师也很喜欢看书哦，看书能够增长我们的见识，希望你能够把这个好习惯继续保持下去，也希望在以后的买书过程中，你也能像今天这样顺利的算出书的总价钱哦。

指导教师：李海芳

超市趣事

三年级（3）班　陶碧萱

儿童节快到了，所以我们家小区门口的永辉超市做活动，我们一家人去超市想备一些我的学习用品、家里的日常必备品和一些零食，我们共带了两百元。

到了超市，我看到零食全场 8 折，而且满 68 元送 34 元。爸爸、妈妈给我买了 4 个珠算本和 5 个英语本，还买了些酸奶、冰淇淋、冰棍和一箱纯牛奶。除了这些之外，妈妈还买了一瓶酱油。到了结账的时候爸爸问我："今天一共花了多少元？"爸爸告诉我，4 个珠算本花了 2.5 元，5 个英语本花了 2.0 元，酸奶花了 24.0 元，冰淇淋花了 26.8 元，冰棍花了 11.9 元，一箱纯牛奶花了 60.0 元，酱油花了 30.0 元。我马上写出算式："2.5+2.0+24.0+26.8+11.9+60.0+30.0=155.2（元）我报给爸爸，一共花了 155.2 元。"妈妈又问我："还剩几元？"我又写出算式："200.0-155.2=44.8（元）答：还剩 44.8 元。"妈妈很高兴。

提着大包小包的东西，我们回家了，我心里美美的。

【点评】通过你的日记，老师发现，你和爸爸妈妈的感情非常的好，老师也很喜欢和爸爸妈妈一起逛超市呢，这样很有利于促进家人之间的感情，另外，老师发现你的小学数学学得非常棒，这么多的数相加，真是一点错误都没有。希望你再接再厉，将数学学得更好哦。

指导教师：李海芳

马马虎虎买冰棍儿

三年级（3）班　田子奥

　　今天上午，我在客厅里玩变形金刚，这时爸爸走过来对我说："儿子，热不热？下楼买几根冰棍儿吧。"我高兴地说："好啊！"爸爸又说，"你去抽屉里拿5元钱自己去买5根你喜欢的冰棍儿。"我飞快地跳到门口的抽屉前，由于太高兴了，把爸爸的话听成五元一根的冰棍买十根，我算了算5×10=50元，于是拿了50元钱一蹦一跳地出门了。

　　一会儿我手里提着10根冰棍儿回来了，爸爸低头一看对我说："怎么买了这么多？"我说："您不是说让我买5元一根的冰棍儿买10根吗？"我嘿嘿一笑说："太高兴了，没听太清楚。"爸爸摸摸我的头说："你总是马马虎虎，不认真听别人说话。以后要注意听清楚别人的话再行动。"我说："嗯，知道了。"

【点评】通过你的日记，老师发现你好像很爱吃冰棍儿呢，在这炎热的季节老师也很喜欢吃冰棍儿哦。另外，老师认为你的数学乘法学得很好，而且运用的也很快，但是老师也希望你以后在生活中要仔细听别人说的话，不要太马虎了哦。

指导教师：李海芳

计算时间

三年级（3）班　王蔚晴

今天早上起床后，我发现妈妈给我发了一条短信："女儿，妈妈去早市了。对了，妈妈听说两周后有社区英语讲堂活动，你能帮我算一下是几号吗？不用把今天算上。我不确定自己有没有时间参加。"

我回复了妈妈一句："好的！"便拿出一张白纸开始计算：两周是14天，6月18日+14日=……

正在计算时，我突然感觉不对，6月不是只有30天么，难道这种方法是错的？我又换了一种方法：6月30日—6月18日=12（日）；14-12=2（日）。剩下的两天就是下个月的2号，也就是7月2日。

我马上把答案发给妈妈。妈妈很快回复了我一条信息说："谢谢你，乖女儿！7月2日我有时间去参加社区的英语讲堂活动。"

【点评】通过你的日记，老师发现，你可真是一个头脑灵活的小朋友呢，很快就能反映出计算中的错误在哪里，希望以后继续保持，随时随地能发现自己的错误，将数学学得更好哦。

指导教师：李海芳

打水记

三年级（3）班　文晶

今天下午，我自己用买完菜的钱去小区打水，姥姥跟我说去居委会那边打水，我听了姥姥的话马上拿好一元五角出门去打水。

出了门，我赶快跑到居委会那边，可是没有看到那台饮水机，于是我就向东跑，跑着跑着我似乎看见了那台饮水机，于是我以一匹骏马一样的速度跑了过去，果然是一台饮水机，但是它很脏，上面还有数不过来的蚂蚁，机器后面都长毛了很不干净。我思考了好几分钟，到底是回家不打水了，还是继续打水呢？

于是我决定把一元五角钱放进那机器里，水很快就出来了。我等着等着……过了五六分钟的时间，机器里出了大约三四升的水。

打完水大概用了十分钟，下次我争取再快点。

【点评】通过日记，老师发现你可真是一个勤快的小姑娘，这么小就知道帮姥姥做事，帮姥姥减轻负担了，真是懂事呢，还清楚地知道三四升水的概念，数学学得真是很棒，继续加油哦。

指导教师：李海芳

超市趣事

三年级（3）班　吴宛泽

星期日一大早，我就跟着爸爸妈妈一起到超市买水果，今天正好是端午小长假，我们准备买点儿水果好好庆祝一下。

这个季节水果十分丰富，有紫莹莹的大葡萄，有碧绿碧绿的大西瓜，还有甜丝丝的水蜜桃……当然，还有我最喜欢的红樱桃！

在如此众多的水果里，我挑选了我喜欢吃的红樱桃，爸爸爱吃的大西瓜，妈妈最爱吃的大荔枝等水果。

在称重的时候，我发现了一件有趣的事，在别的超市一般都是由叔叔阿姨帮我们称重，可是在这个超市，是我们自己操作一台机器自助称重的。

我们把买的水果一样一样的放在称重台上，屏幕显示，樱桃 15.98 元一斤，我们买了 1.76 斤，一共花了 28.12 元；西瓜 1.99 元一斤，我们买了 7 斤，一共花了 13.93 元；荔枝 9.98 元一斤，我们买了 1.45 斤，一共花了 14.47 元。

在结账的时候，我又发现了一件有趣的事儿，别的地方一般是服务员结账，这个超市是自助结账。但是很简单，只用把商品上的条形码在机器上的一个红点上一扫，就可以了。是不是很简单，你们也来试一试吧！

【点评】通过你的日记，老师也好像在逛这个有趣的超市。还运用了许多我们刚刚学过的"小数的认识"的知识，也希望可以将更多的知识运用到生活中！

指导教师：李海芳

回老家

三年级（3）班　杨梓茗

今天，我和爷爷、奶奶、爸爸回老家，从我们家到老家的距离大约是 40 公里，大约需要 50 分钟，我们走了三分之一的路程以后，爸爸放了一首我最爱听的歌，叫《心之焰》，我跟着歌唱啊唱啊，因为这首歌比较长，我把它听完也就走了三分之二的路程了。

到家以后，我先看了看我们家种的各种植物，有葡萄、丝瓜、西红柿、月季、芍药、石榴等很多很多，我先望了几眼葡萄，它长得特别高，大约有三个我，也就是 4 米高，葡萄架上有许多绿宝石一样的葡萄，不过它们还没熟，再等两天吧！之后我又看了看西红柿，它比我想象中的要大很多，有好几十个，我摘了一个，洗了洗尝了一下，真甜啊！比外面买的好吃多了！都是实心的，奶奶说："外面的西红柿之所以那么大个，是因为它们加了膨大剂，这是一种农药，对身体是有害的。"我听了奶奶说的话，总算明白外面的西红柿为什么那么大了。

我又去看爷爷奶奶钓的鱼，我拿起 1 米长的抄子，想捞一个摸摸，捞啊捞啊，终于捞到了。啊！这也太沉了吧！我估计这条鱼得有五六斤呢！

我和爸爸就是来送爷爷奶奶的，现在我们该回去了，我依依不舍地又望了几眼那 4 米高的葡萄架。

【点评】通过你的日记，老师发现，乡下的生活似乎很有乐趣，一切都充满了大自然最亲近的气息，连自家种的蔬菜都格外的好吃呢。不过，葡萄架有三个你高，是不是应该是 3 米呢？希望小朋友能努力学习小学数学的知识哦。

指导教师：李海芳

小超市的数学购物

三年级（3）班　袁闻泽

2017年6月25日下午，我和妈妈去画油画的地方。因为是1点上课，5点结束。妈妈担心我会饿，就将车停在了一家小型超市门前，让我去买点吃的准备着。和往常一样，妈妈在车里等我，让我自己去购物。我买了自己想要的，和妈妈要求的东西：

$$3 个面包 \times 8 元 = 24 元$$
$$2 瓶绿茶 \times 3.5 元 = 7 元$$
$$1 板巧克力 \times 12 = 12 元$$
$$4 个口香糖 \times 2 = 8 元$$

计算：24+7+12+8=51元。

妈妈给我100元，100-51=49元。我数了一下，阿姨找给我2个20，1个5元，4个1元，合计49元。我拿着东西，开开心心地回家了。真是一次开心的购物体验。

【点评】老师通过你的日记发现，你可真是一个仔细的孩子，数学算式在日记里面也能列得这么整齐，非常有条理，让人一目了然，这是一个非常好的习惯，希望你继续保持，再接再厉。

指导教师：李海芳

海蟹的特点

三年级（3）班　展朝阳

在远古时代，地球上的百分之七十五的蝎子被爬行动物赶到海里，在经历过长时间的进化，蝎子便进化成了海蟹。因为在海里不需要脚和腿，所以蝎子的脚和腿便变成了尾巴。据古老的传说，海蟹和卷齿鲨一样是海中的王者，它们唯一的区别就是在不同的海域里面称王而已。卷齿鲨是在4956米的曙光区的海域，而海蟹是在100米的阳光区的海域，海蟹有187颗牙齿而卷齿鲨有4089颗牙齿，海蟹经过进化变成了第二名了，现在第一名的是海中王者大白鲨。大白鲨很凶猛，我在海洋馆还见过呢，非常的大。

【点评】通过你的日记，老师发现，你对海中的动物很了解呀，老师也对海中的动物很感兴趣呢，不过，老师都没你了解的这么清楚，连牙齿的具体颗数你都知道了，真是个爱钻研，爱探索的好孩子。

指导教师：李海芳

文 具

三年级（3）班　张语芯

　　今天，我在家想整理一次我的文具，可是我的文具五花八门、乱七八糟，太多太多了。于是，我想数一数我有多少文具。在经过一段时间的整理之后，我发现我有 42 根铅笔，28 块橡皮，还有 19 把尺子，48根笔芯，12 根没水。还有 5 个削笔刀、9 卷胶条，和 23 根可擦笔，9个修正带，29 根油笔……还有好多我都数不清了。我把它们一个一个地放入纸箱里，我对妈妈说："以后我一定要好好保管我的文具。"这些文具是我的小伙伴，以后在学习中它们就要陪伴我一起学习了。

【点评】通过你的日记，老师发现，你的文具可真多，这么多的文具，你很好地运用了数学的知识把它们给数清楚了，这是一个很棒的表现哦。不过，以后还是需要经常好好整理自己的文具哦。

指导教师：李海芳

逛超市

三年级（3）班　郑宸琳

今天，我姥姥和我去超市买东西了，十一点二十出发的，十二点三十到的。

我们到了超市，买了一斤苹果，2.9 元，又买了一斤小西红柿，3.6 元，最后买了一斤油桃 3.5 元，水果买完后我们去买菜。

我们买了一斤白菜 5.6 元，又买了 一斤萝卜 4.7 元，最后买了一斤葱 3.6 元，菜买完后我们去买小食品。

我们买了一箱饮料 30 元，又买了一盒糖，3.2 元，接着买了一盒巧克力 3.5 元。小食品买完后我们去买文具，买了一支笔是 3.0 元，又买了三个可擦橡皮一共是 6.0 元，我们都买完了就去给钱，我想了想大约是 66.0 元，姥姥说："你可真聪明，就是 66.0 元。"然后我们回了家。

【点评】通过日记，老师发现你买的东西可真不少呢，这次的超市之行可真是收获颇多呀。而且，不仅买了这么多东西，数学知识也应用的很不错，精确的算出花了多少钱，真的很棒哦。

指导教师：李海芳

一年级

二年级

三年级

四年级

五年级

六年级

生活中的数学

四年级（1）班　董佳佐

数学就在我的身边，在游泳的时候，就出现了一个需要我仔细思考的问题。

这是一个万里无云的好天气，我和爸爸去游泳，游着游着，我和他都有些累了就坐在上边休息，突然，爸爸问我："家佐我来考你一个问题好吗？"我想了想说："好，没有问题。"于是，爸爸说："假设这一个泳道全长500米，你游了4个来回，请问，你游了多少米？"我听完，便想："500×4=2000米。"我便立即讲出了答案，他听完笑了笑说："错了，一个来回是两次，正确的是4×2=8次，8×500=4000米，所以答案是4000米，由于你的粗心，不了解它，所以才错。""哦！原来如此。"我恍然大悟地说。

在生活中有许多的数学问题，看似简单，但也要认真地去思考，理解清楚它的意思，有时一字之差可能就会出错，看来以后我一定要认真审题后再做出判断。

【点评】通过这个小故事我看到了你对待事情的深刻思考，不仅仅是一道数学题，而且是透过这道题背后的感悟和理性思考。以后再遇到问题，相信你会更加认真严谨地思考了。

指导教师：杨霞

酸奶中的数学

四年级（1）班　耿子琪

为了让我和弟弟喝上干净又安全的酸奶，妈妈买了一台酸奶机，亲手制作酸奶。我看妈妈每次用 4 袋纯牛奶，每袋重 240 克，共计 960 克、糖 10 克、发酵剂 1 克，8 小时后美味的酸奶就做好了！每次都给我和弟弟做不同的口味，可以放饼干、水果、果酱、干果等我和弟弟都很喜欢，味道好极了！

我发现生活中的点点滴滴都离不开数学，数学给我们的生活增添了很多色彩。

【点评】文中呈现了多种数学知识，如：数量、乘法、搭配……促使了孩子对数学有了更多的感性认识，随着数学学习的深入，孩子的获得会更丰富，更喜欢上数学！

指导教师：杨霞

陪舅舅买油漆

四年级（1）班　李贺童

　　舅舅搬新家了，我陪舅舅去建材市场买涂墙的漆料，舅舅让我帮忙砍价，我高兴地答应了。

　　今天我们来到枣园附近的家具城，里面的商品琳琅满目，各个品牌的漆，还有各种颜色的漆，我们转来转去，总算找到一家满意的颜色，我们一问，有两种规格，一种是 199 元 3 罐，还有一种是 299 元 7 罐，舅舅问我哪种更合算，我想了想，对舅舅说：假设第一种 3 罐是 200，6 罐就 400 元了，第二种 7 罐也不到 300 元，所以第一种便宜。而且 299 元 7 罐比 199 元 3 罐的便宜很多，阿姨和舅舅不住地点头，对我的推算心服口服，连连夸我聪明。

　　就这样，我和舅舅高高兴兴地买了漆料。我觉得，数学真的可以帮助我们解决很多生活问题，我也要好好学习数学知识。

　　【点评】知识只有很好地去用它，才能发挥它的价值。学以致用是学习数学的实际意义所在。通过估算的方法进行熟练的口算，从而解决生活中的实际问题，突显了数学的价值。

指导老师：杨霞

数学中有趣的故事

四年级（1）班　蒋俊杰

晚上，我在电视上看见了一个关于数学的小故事：一只小蜗牛不小心掉进了一口枯井里，它趴在井底哭了起来。这时一只癞蛤蟆爬过来了，瓮声瓮气的对蜗牛说："别哭了，小兄弟！哭也没用，这井壁太高了，掉到这里只能在这生活了。我已经在这里过了很多年了，很久没看到太阳，就更别提想吃天鹅肉了！"

蜗牛对癞蛤蟆说："癞大叔，我不能生活在这里，我一定要爬上去！请问这口井有多深？""哈哈哈……真是笑话！这口井有 10 米深，你小小年纪，又背负着这么重的壳，怎么爬上去呢？""我不怕苦、不怕累、每天爬一段，总能爬出去！"

第二天，蜗牛吃得饱饱的，就开始顺着井壁往上爬，它不停地爬呀爬，到了傍晚终于爬了 5 米。蜗牛很高兴，心想："照这样的速度，明天傍晚就能爬上去。"想着想着，它不知不觉地睡着了。

早上，蜗牛被一阵呼噜声吵醒了。一看原来是癞大叔还在睡觉。它心里一惊："我怎么离井底这么近？"原来，蜗牛睡着以后从井壁上滑下来 4 米。蜗牛又叹了一口气，咬紧牙又开始往上爬。到了傍晚又往上爬了 5 米，可是晚上蜗牛又滑下 4 米。爬呀爬，最后坚强的蜗牛终于爬上了井台。

你能猜出蜗牛需要用几天时间才能爬上井台吗？我思考了一会儿，算出来了，我先用 5−4=1（米）再用 10÷1=10（天），所以是 10 天。

第二天，我问老师这是不是正确的答案，老师让我再想一想，我又想了想，说："是 5 天吧？"老师笑着摇摇头，说："你可以试着画画图来解决。"于是我动起笔，开始画图。我画了图之后很快知道了正确的答案，"原来是 6 天"，老师笑着点了点头。

通过这件事，让我真正体会到画图对我们学习帮助真的很大！

【点评】有趣的故事中有数学，数学问题可以通过故事变得更有挑战性，运用数学方法可以让我们在挑战中成长并取得成功！

指导教师：杨霞

买樱桃

四年级（1）班　孙婕好

今天，我跟着爸爸去菜场买水果。爸爸说："今天要考考你，会不会自己去买样你喜欢吃的水果。"爸爸给了我 25 元，要看看我的表现。"保证完成任务。"我自信地说。

于是，我边走边看，来到水果区，看到红红的新鲜樱桃，让我垂涎欲滴，因为我最喜欢吃樱桃了。那就买樱桃吧！我问卖水果的阿姨："阿姨，樱桃多少钱一斤？"阿姨说："6 元一斤。小朋友，你要买多少？""两斤。"我想：两斤的话，二六十二，正好 12 元，阿姨还应该找我13 元。这时，阿姨一称，说："小朋友，两斤二两，多了二两，不要紧吧。""这个……"两斤二两是多少钱呀？我该给阿姨多少钱呢？我正在左思右想的时候，爸爸走过来了。我见了爸爸有点难为情了，因为刚才才夸口，现在算不出来了。爸爸告诉我说："一斤是 10 两。""哦！"我豁然想到了分数："一两是一斤的十分之一，钱数也是 6 元的十分之一，那就是 6 角钱，两斤是 12 元，二两是 1 元 2 角，一共是 13 元 2 角。"我脱口而道。我便把 25 元给了卖水果的阿姨，阿姨找了我 11 元 8 角。我又算了算，正好，不多也不少。

通过这次考验，我感到我们的生活中躲藏着许多数学奥秘，学会数学知识真的很重要。而且，我们应该不骄傲，要努力地学习和掌握更多的数学本领，才能够学以致用，解决身边的问题。

【点评】数学知识来源于生活，学生在课堂中获取了知识之后又要有能力应用到生活中去！一件买樱桃的小事，既让你运用了所学知识又体会到了数学的重要作用。

指导教师：杨霞

超市购物

四年级（1）班　张伟轩

星期天，妈妈对我说："我们今天要去超市买东西"，我听到这个消息可高兴了，我就喜欢去超市，又能买吃的，还可以帮妈妈提物品。

我们边走边说话，各自计划着想买的物品。来到超市里一看，人真多，我们先来到水果和蔬菜区，我选了喜欢吃的苹果和茴香，我看到苹果的价签是 8.6 元，茴香是 4.3 元。接下来我们上了二楼，我先去卖文具处，买了两个修正带和一支自动笔，它们分别是 9.4 元和 8.7 元，妈妈买了一袋洗衣液 12.5 元，付款前妈妈让我算下一共花了多少钱，我心里慢慢算着，告诉妈妈是 45.5 元。妈妈回答不对，这下我可慌了，怎么会算错呀！我又重新仔细算一次，这时该我们付钱了，妈妈给了阿姨 43.5 元。回到家我用笔算起来，原来是我多算了 2 元。"妈妈我知道错在哪里了，"我说，"是我的计算马虎造成的"。

我知道马虎是大错特错的事情，我一定要改掉马虎的坏习惯。

【点评】用学到的知识去解决生活中的问题，在解决问题中发现了自己的问题也是一种收获，在生活中还会遇到很多的问题，这就需要我们严谨认真的态度。

指导教师：杨　霞

节约时间

四年级（1）班　刘东昊

　　今天，我迅速做完作业，观察了一下姥姥做家务的情况：煮饭 15 分钟，红烧鲤鱼 15 分钟，红烧土豆 10 分钟，韭菜炒鸡蛋 5 分钟，拖地 30 分钟，洗碗 15 分钟，烧水 15 分钟，洗衣服 30 分钟，一共是 2 小时 15 分钟。有什么办法既可以节约时间，又能完成家务呢？我思索了一下"有了！"我脑中闪过一个念头，就用学过的知识合理安排时间。我根据信息排出了计划。

　　烧水、煮饭的 30 分钟可以拖地，洗衣机洗衣服的 30 分钟可以和炒菜同时进行。

煮饭 15 分钟	拖地 30 分钟
烧水 15 分钟	
红烧鲤鱼 15 分钟	洗衣机洗衣服 30 分钟
红烧土豆 10 分钟	
韭菜炒鸡蛋 5 分钟	
洗碗 15 分钟	
合计 75 分钟=1 小时 15 分钟	

　　"耶"我高兴的欢呼起来，原来要 2 个多小时，现在只需 1 小时 15 分钟了！我高兴地把表格给姥姥看，姥姥看了看，伸出了大拇指说："书没有白读嘛！"

【点评】孩子在数学知识学习的过程中不断提升自己的能力，用自己学到的知识处理问题的同时，也在不断地积累经验，总结提升，用自己总结与感悟的新知识更好地解决实际问题。老师为你点赞。

指导教师：杨霞

在生活中找数学答案

四年级（1）班　赵睿涵

说起数学，大家肯定会想到枯燥的数字、呆板的符号。我曾经也是这样想的。每当做大数加减法时，我总是不耐烦。但是现在，我发现生活中的点点滴滴都跟数学有关系，便开始喜欢数学了。

说起生活中的数学，便有许多例子，比如：超市的价格签、推拉门的平移、钟表的旋转；书桌和床的形状都是长方形的等等，生活中这样的例子数不胜数。

记得有一次，我跟妈妈去超市，看到一油桶上标注：净含量 5 千克，当时我正因没搞清楚油桶的问题而苦恼。此时我忽然意识到：净含量是 5 千克，假如油桶重 0.3 千克，油和桶共重 5.3 千克，那我用掉一半油，净重 2.5 千克，问：油重？桶重？在一切数据得知的情况下，我会用 2.5×2=5 千克，5.3-5=0.3 千克，原来是这样啊，一下子全弄明白了。

这次的经历让我明白了一个做题的诀窍，如果你有题弄不清楚，不妨也到生活中找一找，没准答案就出来了呢。

【点评】数学来源于生活，因此在生活中寻求问题解决的答案，是一种很好的方法，孩子在实践中发现了这一诀窍，会有助于他数学素养的提升，让他的数学学习更加快乐，最终爱上数学。

指导教师：杨霞

自然界中的数学王国

四年级（1）班　王裔宸

我超喜爱动物，在了解动物的同时，我发现，这些可爱的家伙，原来在数学方面也有很大的天分。

先说说蜘蛛吧，蜘蛛结的"八卦"形网，是既复杂又美丽的八角形几何图案，人们即使用直尺和圆规也很难画出像蜘蛛网那样匀称的图案。

事实上蜘蛛并非动物王国中唯一的"数学家"。蜜蜂蜂房是严格的六角柱状体，它的一端是平整的六角形开口，另一端是封闭的六角菱锥形的底，由三个相同的菱形组成。组成底盘的菱形的钝角为 109 度 28 分，所有的锐角为 70 度 32 分，这样既坚固又省料。蜂房的巢壁厚 0.073 毫米，误差极小。

丹顶鹤总是成群结队迁飞，而且排成"人"字形。"人"字形的角度是 110 度。研究者们通过精确地计算表明"人"字形夹角的一半——即每边与鹤群前进方向的夹角为 54 度 44 分 8 秒！而金刚石结晶体的角度正好也是 54 度 44 分 8 秒！多么精确的巧合呀！

我还喜欢各种生姿百态的植物，在它们的世界里也有一个数学王国。早在 13 世纪，意大利数学家斐波那契就发现，在 1、1、2、3、5、8、13、21、34 、55、89……这个数列中，有一个很有趣的规律：从第三个数字起，每个数字都等于前两个数加起来的和，这就是著名的"斐波那契数列"。科学家们在观察和研究中发现，无论植物的叶子，还是花瓣，或者果实，它们的数目都和这个著名的数列有着惊人的联系。仔细观察向日葵花盘，虽然有大有小，不尽相同，但都能发现它们种子的排列方式是一种典型的数学模式。花盘上有两组螺旋线，一组顺时针方向盘绕，另一组则逆时针方向盘绕，并且彼此相连。尽管在不同的向日葵品种中，种子排列的顺时针、逆时针方向和螺旋线的数量有所不同，可往往不会超出 34 和 55、55 和 89 或者 89 和 144 这三组数字。这每组数字就是斐波那契数列中相邻的两个数，前一个数字是顺时针盘绕的线数，后一个数字是逆时针盘绕的线数，真是太精彩了。正因为选择了这种数学模式，花盘上种子的分布才最为有效，花盘也变得最坚固壮实，产生的几率也最高。

在数学中，圆的黄金分割的张角为 137.5°，被称为"黄金角"的数值。许多植物萌生的叶片、枝头或花瓣，也都是按"黄金比率"分布的。

车前草轮生的叶片间的夹角恰好是 137.5°，根据这一角度排列的叶片能巧妙镶嵌但不互相覆盖，构成植物采光面积最大的排列方式。这就确保了每片叶子都能够最大限度地获取阳光，有效地提高植物光合作用的效果。

苹果是一种常见的水果，同样包含有"黄金比率"。如果用小刀沿着水平方向把苹果拦腰横切开来，便能在横切面上清晰地看到呈五角星形排列的内核。再将 5 粒核编好 A、B、C、D、E 的序号后，就可以发现核 A 尖端与核 B 尖端之间的距离与核 A 尖端与核 C 尖端之间的距离之比，也是"黄金比率"，即 0.618。

通过这些有趣的现象，我发现学习数学其实并不是那么枯燥的，这些固定的数字、公式、定理其实就在我们的日常生活中，特别是我们感兴趣的事物中蕴含着很多有意思的数学知识，只要我们善于观察，善于从数学中发现乐趣，那么学习数学就像做游戏一样变得有趣而充满挑战！

【点评】大自然中到处都有数学知识的存在，动物界中也同样蕴含着数学的美，看得出你已经发现并感受到了，你让我也感受到了学习数学的兴趣与激情正在你的心中生根发芽。

指导教师：杨霞

我生活中的数学

四年级（1）班　徐晓晗

最近爸爸给我买了一本叫《数字昆虫乐园》的书，里面讲了许多关于虫子的故事，而里面的虫子都是由数字组成的。

给大家介绍一下它们吧，数字 2500 组成了白蚁，那是因为每一个白蚁群体里都生活着 2500 多只白蚁，其实白蚁的祖先在 2.4 亿年前就生活在地球上了，它们曾经和恐龙一起漫步。它们每天工作 24 小时，从来不休假也没有下午茶，每隔 15 秒蚁后就能产下一枚卵，当你晚上一觉醒来时它已经产下了 1920 枚卵，有些会在地面上修建通风良好的蚁冢，甚至有 4 层楼那么高，在地下的家也有 5.5 米，它们真是了不起的建筑师呀！而可爱的萤火虫是由数字 98 组成的，那是因为它们发光效率比任何灯泡都高！在它们耗费的能量中，有 98%转化成光，只有 2%变成热量散发掉，而大多数的灯泡 97%的能量都变成热量散发掉了，它们真是太了不起了，也许科学家正在仿造它们，在不久的将来就会制造出像萤火虫一样节能的灯泡。

书中一共介绍了 23 种昆虫，我认为书中的昆虫和数字让我重新对它们有了新的认识。我喜欢那些数字串联起来形成各种昆虫图形，每种图形后面又隐藏了许许多多数学知识。

【点评】数字让你对萤火虫有了新的认识和更深刻的了解，这就是数学的魅力，正是它的存在给我们带来了更多的惊讶与神奇。生活中还有很多的事物要用它去表达呢！

指导教师：杨霞

生活中的数学

四年级（1）班　韩奕璨

今天放学回家，妈妈洗好了桃子，让家里人一起吃。一边吃桃子，妈妈问我："你认为什么是水果呀？"

我一口气说了一大串："西瓜、苹果、梨、桃、樱桃、葡萄、哈密瓜、椰子……都是水果啊。"妈妈笑了，她说："把它们总称到一起，就是水果了！在数学里，当我们把同一类的事物放到一起考虑时，就说它们组成了一个'**集合**'，那些组成集合的就是'**元素**'。"

"我知道了，蔬菜也是一个集合，我们班也是一个集合，我们班的每个同学就是一个个的元素，对不对？"

"学的可真快！"妈妈表扬了我。

妈妈又问："那我们家里有集合吗？"我一看我的玩具，不正好是个集合嘛，就说："玩具！"

妈妈问："玩具这个集合有哪些元素呢？"

这还不好说，我开始一个一个叫出我玩具的名字："玩具枪、乐高小人、航模小飞机、超轻黏土、象棋、围棋、跳棋、飞行棋、五子棋……"说着说着，我忽然发现，最后几个都有一个"棋"字，就问妈妈："这是不是也是一个集合呢？"妈妈说是的，我问："这就是说大集合里有小集合？"妈妈点了点头，还告诉我，小集合就是**子集**，是大集合的儿子。哈哈，真有意思！

今天，我学到了三个数学知识：集合、元素和子集。原来生活中到处都有集合，数学的魅力无处不在呀！

【点评】集合、元素这种抽象的概念，借助生活中的事物去理解，对小学生来说很有意义，在无声中体会数学的魅力，感受数学无处不在，有利于孩子对数学的学习兴趣并体会数学的价值所在。

指导教师：杨霞

儿子分羊

四年级（1）班　韩奕璨

今天看书，我读到一个有趣的数学故事——儿子分羊。这是阿拉伯的一个民间故事：从前有个农民，他有 17 只羊，他死之前要把羊分给 3 个儿子。他说：大儿子分 $\frac{1}{2}$，二儿子分 $\frac{1}{3}$，小儿子分 $\frac{1}{9}$，但不许把羊杀死或是卖掉。3 个儿子怎么也分不开，就请邻居帮忙，聪明的邻居带了 1 只羊来，加入那 17 只羊，这样羊就有 18 只了。于是，大儿子 $\frac{1}{2}$ 得了 9 只，二儿子 $\frac{1}{3}$ 得了 6 只，三儿子 $\frac{1}{9}$ 得了 2 只。3 个人共分去 17 只羊，剩下的 1 只正好是邻居的，自己家的羊分好了，邻居家的也牵了回去。

这个故事太有趣了，已经在全世界流传很久很久了。

我就想为什么是 17 只羊呢，这样直接分没办法分啊，可邻居带来 1 只后，就能分开了，而且刚好把邻居的 1 只羊剩下了，为什么是这样呢？有没有别的分法呢？用了别的数，还能分好羊吗？

于是我开始试，如果还是共 17 只，大儿子还是分 $\frac{1}{2}$，二儿子分 $\frac{1}{3}$，可小儿子不是 $\frac{1}{9}$，改成 $\frac{1}{6}$，邻居还是带了 1 只羊来，结果就是大儿子得了 9 只，二儿子得了 6 只，三儿子得了 3 只，加起来刚好 18 只羊分完了。这回邻居的羊可带不回去了，因为已经被分掉了！邻居帮了忙，却弄丢了自己的羊，太对不起好心的邻居了啊。

看来，想要当故事里的聪明角色，并不是那么简单的，得事先就仔细算好，才能让故事有完美的结局。给别人讲这样有趣的故事前，也得记好了总数和分法，免得分的让人哭笑不得。

【点评】一个小故事，引发了你深刻的思考，这就是数学人的特点。做事前要全面的思考，才有可能出现完美的结果，这就是数学的严谨性，相信你已经感悟到了。

指导教师：杨霞

购物中的数学

四年级（1）班　汪柏宇

　　今天，我和妈妈去超市买东西。超市里人山人海，商品琳琅满目。妈妈赶紧带我去买家里需要的东西。我们先买了个西瓜。这个西瓜 3 元一斤，重 4 斤。接着我们又来到卖肉的地方。肉卖 8 元一斤，我们买了 3 斤。后来我们又买了一箱牛奶。一箱牛奶有 16 盒，每盒 3 元。最后我们还去买了饼干，花了 15 元。结账排队时候，妈妈对我说：你先算算我们要付多少钱吧？我想了想，西瓜 3×4=12 元，肉 8×3=24 元，牛奶 16×3=48 元，先用 12+48 正好是 60 元，再加上 24 元等于 84 元，哦，还有饼干 84+15=99 元，我让妈妈准备好一张 100 元付钱。等到我们结账的时候，营业员阿姨一算，果然是 99 元，和我算的一样。妈妈夸我真聪明。我对妈妈说："那下一次买东西还要叫上我哦！"

　　这次买东西收获真不小。我不仅知道了一些生活用品的价格，还用到了平时学的数学知识。原来数学就在我们自己的身边。

【点评】数学来源于生活，生活中处处有数学，购物更是体现数学价值之处，运用数学知识解决生活问题也是学以致用的体现。

指导教师：杨霞

负　数

四年级（1）班　王昊宇

数学是一门神奇的学科，因为在数学当中涉及了语文、地理、历史等好多知识，看来学好数学必须做到认真理解！

昨天我学习了正负数，生活中我在温度计上看到了正负数，0度以上为正数，表示数越大温度越高，0度以下为负数，表示数越小温度越低。0是正负数的分界点，回家我打开冰箱时看到温度显示-8度，我随手把一瓶饮料放进去，第二天拿出来喝时看到饮料已经变成冰块，这就说明0度以下会结冰。

我们在体检时我看到视力表上有小数，视力5.0以上为正常，5.0以下就已经为近视眼了，所以我们一定要保护好自己的眼睛，坚持每天做眼保健操！

其实生活中有很多数学知识，数学知识并不难，让我们在实践中、在生活中去理解、学习吧！

【点评】将所学知识联系到生活实际中，学为所用，在实践中去理解，去体验也是对所学知识的一种深入理解与巩固。

指导教师：杨霞

节约用纸

四年级（1）班　徐佳怡

生活中，数学无处不在。节约资源也是一门学问，其中也有数学。

你们知道吗？生产一吨纸就要费 7 棵大树和 100 立方米的水。如果我们班 35 人每人每天节约一张纸，35×7=245 张，一个星期可以节约 245 张纸。一个月 4 个星期，245×4=980 张，一个月就可以节约 980 张纸。980×12=11760 张，一年可以节约 11760 张纸，一个本子 30 张纸，相当于 392 本本子。照这样下去，一个学校，一个城市，甚至一个国家要节约多少纸啊？全国大约有 13 亿人口，每人每天节约一张纸，一年就能节约 4745 亿张纸。啊，4745 亿是一个多么大的数字，令我难以想象！而这 4745 亿张纸是由 1581666 棵树造的。如果我们每天节约一张纸是一件很容易的事。而每年种一棵树，等它长到 20 岁却很难。我们要节约用纸，从每天节约一张纸做起。

【点评】在日常生活中能发现身边的点滴小事，并能运用所学到的数学知识进行推理，提出参考性的数据，这不正是科学研究的开始吗？孩子的节约意识也让我佩服，节约型社会也需要我们共同的努力。

指导教师：杨霞

包含与排除

四年级（1）班　许晨玉

在今天下午的数学课上，老师给我们讲了一个关于包含与排除的小故事。

有一天，小悦和冬冬到阿奇家玩。"我有一张非常神奇的照片，上面有两个爸爸和两个儿子，你们猜猜这张神奇的照片上一共有几个人？"阿奇问道。

冬冬毫不犹豫地说："当然是四个啦，2+2=4嘛，这么简单的问题还用问！"

阿奇说："你错了！哈哈，这张照片上只有三个人！"

"怎么可能？难道你会变魔术？"冬冬和小悦齐声喊道！

"我怎么会变魔术？你们瞧！"阿奇笑着回答，大家都向阿奇手里的照片看去，这时阿奇说："嘿嘿，两个爸爸是爸爸和爷爷，两个儿子是爸爸和我。"

"哈哈，原来这样啊！"小悦和冬冬一起说道。

听完这个故事，我想要计算两个类别总量时不能只是简单相加，因为这两个类别的总量中有可能还有重叠的部分。看来数学的知识无处不在，学习好数学太重要了！让我们一起努力去探索和发现数学的奥妙吧！

【点评】小故事中也蕴含着数学的知识，看来生活中处处有数学呀，用数学的眼光去观察世界，用数学的思维去思考世界，你会觉得生活真的很有意思哟！

指导教师：杨霞

我生活中的数学

四年级（1）班　袁沁祥

节假日时，我经常和爸爸妈妈一起去八大处玩，每次去时，都会经过一个名叫晓月的隧道，对于我来说，晓月隧道的长度简直就是个谜！

但是，自从我学了"火车过桥"这个知识以后，我就下定决心把晓月隧道的长度求出来。

那天，我请爸爸帮忙，看着汽车的速度，是 80 公里/小时，通过隧道的时间是大约是 12 秒，我知道：速度×时间=路程，所以，我就用 60×60=3600 秒，算出来一小时有几秒，接着把 80 公里换算成米，等于 80000 米，然后将 80000÷3600 约等于 22 米/秒，最后用 22×12=264（米）。因此，我推算出晓月隧道的长度大约是 264 米。

计算晓月隧道长度的经历真有趣，在生活中很多方面都可以运用数学知识，我一定要好好学数学。

【点评】你很善于观察生活，能敏锐地捕捉生活中有意义的瞬间，并能用数学知识去解决生活中的问题，学以致用，相信数学的价值已经在你心里有了深刻的体验。

指导教师：杨霞

数学小故事——比大小

四年级（1）班　张宸语

从前，数字王国里住着 10 个数字兄弟，它们分别是 0、1、2、3、4、5、6、7、8、9。

一天，这 10 个兄弟在王国里比大小时，发生了激烈的争吵。原来，9 哥哥觉得自己的数最大，就对最小的 0 弟弟说："你看你，数字多小呀，简直就是个零鸡蛋。"这时，0 弟弟觉得很委屈。回家后，0 弟弟便把这件事告诉了无数妈妈，无数妈妈听后，就说："小 0 呀，你不要灰心，无数妈妈有个好建议。"小 0 说："真的？""你先找 8 哥哥谈谈能不能跟你合作，再叫大伙儿去数学王国里举行一次比大小活动。"0 弟弟等无数妈妈说完，迅速跑到了 8 哥哥家，说："8 哥哥，你能不能跟我合作？"8 哥哥很爽快地就答应了。

第二天早晨，无数妈妈宣布要在数学王国里举行一次比大小的活动，最大的将奖励徽章。9 哥哥一听到这消息，乐得都跳起舞了。比赛即将开始，大家个个站得整整齐齐。当无数妈妈宣布"开始"，9 哥哥说："我第一个参加。"0 弟弟说："我第二个参加。"0 弟弟接着又说："9 哥哥，我能不能再加一个选手跟我一起，好吗？"9 哥哥根本没有经过思考就随随便便地答应了。9 哥哥自高自大地站在舞台上，而 0 弟弟却和 8 哥哥站在了一块，8 哥哥站在左边，0 弟弟站在右边，形成了一个比 9 大了许多倍的数字，那就是 80，这时大家都惊呆了。9 哥哥便红着脸儿下了台。

小朋友们，其实我们每个人都有各自的长处与短处，不要以为自己有亮点、有长处就骄傲自满、自高自大，而应该谦虚谨慎，与大家平等相待、和睦相处。

【点评】"比大小"这个故事，利用数学中的基本知识为我们揭示了为人相处的准则，这种巧妙的组合，反映了小作者知识的丰富，以及极强的学做能力，值得学习。

指导教师：杨霞

买 菜

四年级（2）班　方铂维

星期日，我和爸爸一起去早市买菜。

到了早市，人山人海的！我们挤着往前走。先来到了卖水果的地方，看到一个卖桃的，我就问："阿姨，桃多少钱一斤？"阿姨回答："6.8元一斤。"我说："来两斤！"阿姨问我："小朋友，你算算多少钱？"这可难不住我，我张口就说："我给您50元，您找我36.4元！"阿姨笑了笑，麻利的找给我钱了。

我们接着往前走，到了卖菜的地方，看见绿油油的香菜，忍不住就问："叔叔，香菜怎么卖啊？"叔叔回答："2元钱一两。"听到叔叔说两，顿时我就蒙了，转头看着爸爸，爸爸明白了我的意思，说："我们用香菜做汤，来2两就够了。"我高兴地说："叔叔，来2两香菜吧！"叔叔去称香菜了，爸爸让我准备钱，我掏出10元递给叔叔，说："一共是4元，您找我6元。"叔叔很快找给我6元。

买完香菜，我们准备回家，坐在车上的时候爸爸让我计算今天一共花了多少钱？还剩多少钱？我想了一下，回答："花了17.6元，还剩32.4元。"爸爸微笑着点点头，说："生活中处处都是数学！你要用心去体会、积累。"然后发动汽车，我们开开心心的回家啦！

【点评】你用课堂上学到的书本知识应用到了神国中，做到了在生活中学数学、用数学。通过你和爸爸的这次买菜，让我们看到学习数学是一件多么有用的事呀！

指导教师：冯淑霞

这样吃更划算

四年级（2）班　顾锐阳

　　考完试放暑假了，我要开始每天去上脑波课了，上课的地方在磁器口，每天奶奶陪我坐地铁去上课。不许我天天在外面吃，她说在外面吃一顿吉野家牛肉饭完全可以在家吃好几顿牛肉饭了。开始我不高兴，也不信。周末时，妈妈给了我 50 元钱让我去买一斤牛肉片，在我家楼下就有卖的，39 元一斤，我买了 40 元的，找我 10 元，妈妈又让我去旁边超市买了两个洋葱，花了 1.6 元，两样加起来才花了 41.6 元。回家后，奶奶已经蒸好米饭了。妈妈把袋子里的牛肉片拿出来一小点儿切了一下，放在盘子里，又拿一个洋葱包了皮，切一半切成丝，然后就炒了起来，我还看到妈妈放了一点酱，闻着好香啊。几分钟的时间菜就出锅了，她让我自己盛了一碗饭，然后把牛肉倒在饭上，这不就是牛肉饭吗？比饭店卖的肉还要多。妈妈问我："阳阳，你看剩下的牛肉还能吃几回呀？"我在想刚刚妈妈拿出来的一点，再看看剩下的，我估计至少还可以做三回。妈妈又问："阳阳，那这一份牛肉饭平均多少钱啊？"我估摸着算了一下，就当是 42 元除以 4 吧，一次才 10.5 元。可是在吉野家吃一大碗牛肉饭要 25 元呢，贵了一倍还要多，而且肉也没家里做得多。这回我明白妈妈的意思了，的确这样吃更划算。

【点评】用书本上的知识解决生活中的问题，做到活学活用，既解决了生活中的问题，又巩固了所学知识。你对数学这么深的理解，相信你对数学一定充满兴趣，加油吧！

指导教师：冯淑霞

篮球与数学

四年级（2）班　郭思萱

　　端午放假的第二天我和几个小伙伴相约一起玩篮球。我们的比赛相当简单，就是看 30 分钟内谁投球投的多。我投了 15 个，我姐姐投了 9 个，还有一个小伙伴投了 6 个，这样我就赢了。然后妈妈让我们休息一下再玩。

　　在休息时，妈妈提议，就刚才的篮球比赛情况做成数学题可以吗？我们几个小伙伴非常高兴的就答应了。我们迫不及待地问，题目是什么呀？姨妈说："有三个小朋友玩投篮比赛，小萱投了 15 个，小平投了 9 个，小明投了 6 个，问三个人平均投几个。"妈妈说这种题是你们学过的题型，认真思考下，看谁又快又对，开始吧。妈妈刚说完，那个小伙伴就说："没有草稿纸，我放弃了。"这下子就剩我和我姐姐了。我想虽然没有草稿纸，口算也可以吧，在地上不也行吗。过了一会儿，我说出了答案：（15+9+6）÷3=10（个）。我的答案一出来，他们都惊呆了，我姐问我，你怎么那么快呀？我说："数学课上老师给我们讲过了啊！我们数学老师虽说平时对我们很严格，但是老师上课讲得非常清楚明白，让我渐渐地喜欢上了数学。"

　　在这两场比赛中我都得了第一，我真很高兴呀！更让我高兴的是，让我遇见了严格的冯老师。谢谢您冯老师，您辛苦啦！

　　【点评】你有一双善于发现的眼睛，看来你一定了解了生活处处有数学的道理。能把学到的知识用于玩当中，也是一种能力。这就是从玩中学，从学中玩，从玩中体会学习的快乐。

指导教师：冯淑霞

"大公母"

四年级（2）班　郭思萱

今天是考试的最后一天了。

考完试放学后，是我奶奶来接我，我们一边走我一边向奶奶倾诉今天考试的情况。"不错不错！"奶奶说，"走，我们去超市，晚上我给你包包子吃。""好呀！"我愉快地说。

我们在超市里逛了一会儿，选购了我们需要的东西，然后去交钱。在交钱之前，奶奶说："你先大公母算一下需要多少钱。"我问奶奶："什么叫大公母呀！"奶奶回答："大公母的意思是大概的算一算，比如：14元加23元再加12元，就加十位数就大概数就出来了，你算算得的是40元左右吗？""是的，是40元左右。原来如此这就叫大公母啊！这不就是我们数学课上学习的估算吗？"我笑着对奶奶说。奶奶接着说："那这些大公母的多少元？"我小声地说着："5元加2元加4元加3元等于14元，再加上小数大概要给15元等付钱时正好是15元。"奶奶说："数学学得不错呀！"我说："因为我有一个好的数学老师啊！数学老师平常教我们的那些妙招能够让我们感觉数学并不难。我渐渐地喜欢上了数学，我心里很高兴。"我庆幸我遇见了严格的数学老师。

【点评】生活中许多都是与数学有关的，文中所说"大公母"，还有人们所说的"估摸着"就是理论上的"估算"，小小年纪就能把理论与实践相结合，说明完全理解了理论知识。

指导教师：冯淑霞

我的数学朋友

四年级（2）班　郭鑫淼

　　一学期结束了，我在学习数学方面有了很大的提高。

　　在丰富多彩的数学课堂上，我们学到了许许多多有趣的知识。认识了许多数学朋友。到现在我们已经学习了小数、小数的大小比较、平行与相交、平均数等等许多新朋友。每一个新朋友我都会认真地去了解它，学习它。因为这些知识让我遨游在数学知识的海洋里，很快乐，很高兴。虽然我学会了许多知识，可我不能骄傲，还有许多新的知识等着我去学习。虽然我的小脑袋并不灵活，但只要我认真努力便勤能补拙。我相信只要我勤快，肯付出，就一定能得到收获。

　　同学们：让我们在数学知识的田地里一起耕耘吧！

【点评】经过一学期的学习，对学习数学有了深刻的体会，能够说出自己的真情实感。如果能够用一件小事进行说明就更好了。

指导教师：冯淑霞

验算本小姐

四年级（2）班　郭鑫淼

今天是六一儿童节，我收到了老师送的小礼物，一个收纳盒。这个收纳盒共有三层，每层十个小格子。我高兴地说："这个盒子真大，有30个格子呢。"老师说"不错，那我来考考你。小丽的收纳盒是五层的，小刚的是七层的，小红的是四层的，小芳的是四层的。请问平均收纳盒是几层？"我说："四层。"老师说："不对，你有没有认真地去算呀？"我有点慌了。我其实真的没有认真的计算。这时我才想起数学老师给我们介绍的好朋友。没错，就是验算本小姐。她每天都盼星星，盼月亮般地等着自己的小主人给她的白裙子上添上花纹。通过我的演算本好朋友，我很快就算出答案来了。我得意洋洋地说："当然是五层了。"老师高兴地说："这次回答正确，你很棒！"

通过这件事，我明白了不管做什么题，不要急于求成。要先仔细审阅，认真计算，再做出肯定的回答。这还要感谢我的验算本朋友。

【点评】把小小演算本生动形象的拟人化，使之对她产生兴趣，充分利用并从中受益，久而久之也就形成了一种好习惯，慢慢地提高了一种能力。

指导教师：冯淑霞

口算的妙用

四年级（2）班　康淇雨

今天放学后，到家我就先写作业。写完作业，奶奶带我来到商场买我喜欢吃的零食。

来到商场后，我们往零食区走。走着走着我突然在一个卖饼干的地方停下来了，原来是巧克力夹心饼干，吸引了我，我和奶奶说想买，于是奶奶给我买了 4 袋。这时正想去结账，可奶奶挡住了我说："你们前几天刚学了小数点的加减法，正好借这个机会考考你，如果你答对了，一会儿给你再买个玩具熊作奖励。"我很高兴，让奶奶快点出题。奶奶说："一袋饼干 2 块 5，那 4 袋饼干多少钱呢？"我想了想："一共 10 元。"我答对了，奶奶答应给我买的玩具熊我也开心的抱在怀里。

我兴奋极了，哇，口算的威力这么大啊！

在回家的路上，奶奶又告诉我一个简便的算法，奶奶说："4 袋饼干，一袋饼干 2 块 5，那 2 袋就是 5 元，那另外 2 袋加起也是 5 元，5 元加 5 元就等于 10 元，这样就算出来了。"

通过这次去商场，我学到了干什么事都要多想一些各种不同的办法，不要就认准一种办法，就如同做数学题尽量一题多解，有助于提高自己的思维能力。

【点评】口算，表面上是很枯燥无味，但它的作用可是举足轻重的。首先是能够锻炼思维能力，其次是保证计算的正确率，再就是提高学习效率，何乐而不为呢？

指导教师：冯淑霞

换位思考——巧解数学题

四年级（2）班　李昊阳

　　妈妈指着数学练习册上的一道题说："儿子，你会这道题吗？"

　　题是这样的：小华和小敏共有铅笔 25 支，小华用去 4 支，小敏用去 3 支之后，小华还比小敏多 2 支。问小华和小敏原来各有多少支铅笔？

　　我说："当然会了，这题很简单，因为这是我们刚讲过的'和差问题'。"接着我就给妈妈念起了答案。"第一步算出现在一共剩下的铅笔数，25-4-3=18（支）。第二步，小华还比小敏多 2 支，可以算出小华现在的铅笔数，（18+2）÷2=10（支）。那么小敏现在的铅笔数就是 10-2=8（支）。第三步，已经算出了现在两人各自的铅笔数，把他们用掉的铅笔数加上就可以得出他们原来的铅笔数了，小华原来的是 10+4=14（支），小敏原来是 8+3=11（支）。"

　　我算出了答案，得意地望着妈妈。妈妈笑着对我说："儿子，你分析得真清楚啊！数学是很灵活的，我们还可以换一种方法来计算吗？"我又想了会儿，疑惑地望着妈妈。妈妈接着说："这里说小华用去 4 只，小敏用去 3 支之后，小华还比小敏多 2 支，那么铅笔没使用之前，小华比小敏多几只呢？"听了妈妈的话后，我又仔细地思考，突然我想到了，兴奋地望着妈妈，说："小华比小敏多用去 1 支，还比小敏多 2 支，所以小华原来比小敏多 3 支。小敏原来的铅笔数是（25-3）÷2=11（支），小华原来有 11+3=14（支）。"妈妈开心地笑了。

　　从这件事中我学到了做题要换位思考，换位思考会更容易地得出答案。生活中我们也应该有换位思考意识，互相理解，相互包容。

【点评】一题多解。数学课上我们就应该提倡一题多解，分层教学。首先把最基本的思维方法掌握，再进一步深入理解，让部分有潜能的学生更好地得到思维的升华。

指导教师：冯淑霞

生活中的正负数

四年级（2）班　李佳霖

今天妈妈给我记录体重的时候，我突然想起用正负数来记录，不就一目了然嘛！规定35kg记作0kg：

月份	1月	2月	3月	4月	5月	6月
重量（kg）	+1.5	+0.5	−0.5	−1.5	−2.5	−0.5

我对妈妈说：正数和负数表示相反的意义的量，与它相反的意义的量就为负。比如家里花出去钱就是负数，收入的钱就是正数；还有楼房的地下室就可以用负数表示。

从表中可以看出：

1.我1月份的体重最重，是36.5kg。

2.我5月份的体重最轻，是32.5kg。

3.我3月份和6月份的体重一样，是34.5kg。

妈妈也说这种记录方法简单易懂呢！我感到我们的生活中藏着许多数学奥秘，我要努力学习和掌握更多的数学本领，才能够学以致用，解决身边的问题。

【点评】能够把学到的知识合理地运用到生活中，特别是亲身实践所学的知识，做到学以致用，值得提倡。

指导教师：冯淑霞

开车去延庆

四年级（2）班　李鲁豫

　　周末的一天，妈妈开车带我去延庆玩，到了那里，妈妈问我："我们从枣园开车到延庆一共行驶了 110 公里，那么我问你，110 公里等于多少千米啊？"我想了一会儿说："110 公里等于 110 千米，110 千米等于 110000 米。"妈妈说："你回答对了，那么你还能算一算一共行驶了多少分米吗？"我想了一会儿说："米和分米之间的进率是 10。那么110000 米等于 1100000 分米。直接把小数点向后移动一位。"妈妈说："真聪明"，我心里美滋滋的。这时妈妈又问，行驶中的路程为什么都用公里或用千米表示而不用分米表示呢？是因为比较长的路程用千米作单位简单。妈妈满意地点了点头。

　　这件事情告诉我，在我们生活中掌握数与数之间的进率很重要。

【点评】小小的进率，一般不会被人提起，但是作用很大。生活中许多地方用到了进率。就像文中提到的，千米与分米，如果是面积单位，运用进率进行单位之间的换算，能够使之更简单。

指导教师：冯淑霞

和差问题

四年级（2）班　李宇桐

临近考试的一天放学后，妈妈兴冲冲地来到我身边说，"宇桐，我来考考你怎么样，只要你答对了，我有奖励。我说："好啊，不过你是难不倒我的，哼！"妈妈看着我得意洋洋的样子，非常的胸有成竹。

"那就考考关于怎么利用'和差'解题吧！"妈妈说。我紧忙说："我们数学老师教的我们这种新的计算方法我学的可认真了，那是难不倒我的！"老师告诉我们，这种新的计算方法叫'和差问题'，会了'和差问题'，想计算求人数，那是轻而易举的事啦！"

"那我来出一道题，你解答一下？"妈妈说，"环保志愿小组男生女生共 25 人，其中男生比女生多了 3 人，问男生、女生各有多少人？"

"哼！这么简单的题，想难道我，不可能！"我骄傲地说。我先画了一个图，答案便清晰可见了。我心里默默地念叨："25 加 3 等于 28，这时候男生就和女生一样多了，28 除以 2，这是男生的人数，男生是 14 人，男生比女生多了 3 人，所以用 14 减 3 等于 11，这时女生的人数就是 11 人。那让我们来验算一下吧！女生 11 人加上男生 14 人，一共是 25 人！耶！我做对咯！"

我连忙和妈妈说："和差问题多简单啊！看我解答的对不？"妈妈兴奋地说："每个单元都有知识点和技巧，你只要学会了知识点，掌握了技巧，任何难题都难不倒你的！"我连忙点头称赞。

【点评】解数学题要有过硬的基础知识，还要有一定的解题技巧，首先要把握知识点理解透彻，掌握知识间的联系，把它们融会贯通，使问题简单化。

指导教师：冯淑霞

超市购物行

四年级（2）班　李宇桐

今天放学后，我和妈妈来到超市买东西，一进门里面的商品琳琅满目，应接不暇。我们来到了卖文具类柜台，一共买了5元一包的作文纸、6元的修正带、10元的笔袋、5元的自动笔，水彩笔7元。现在我要陪妈妈进食品店了！我们买的食品类有：大白菜一棵9元、酸奶一袋7元、芹菜一斤5元、豆角一斤5元、饼干一袋16元、面包15元、牛奶16元一大袋、饮料20元……好多好多啊！

好啦！该结账了，最后，妈妈过来考考我说："宇桐，咱们今天买的吃的一共多少钱啊？算对了有奖励哦！"我皱起眉头掐着我的小手算了又算说："116元？"

"不对，我再给你一次机会哦！"妈妈笑眯眯地对我说。

我灵机一动大喊了一声："110元！"

"对了！"收银台的阿姨和妈妈异口同声地说出来！

"太棒了！"我高兴地大叫了一声！"妈妈，算数学真有趣，下次还要我来算！"

快乐的超市购物行结束了，但是我获得了赞美，心里别提多高兴啦！

【点评】能够从购物中体会数学的快乐与成就感，既深化了课堂上所学的理论知识，又增强了学习数学的兴趣，对今后的学习是一种推动作用。

指导教师：冯淑霞

第一次做主

四年级（2）班　李雨萱

今天，我跟妈妈去菜市场买菜。妈妈说："今天买菜你做主，看看能不能让我们吃上营养均衡的饭菜。"然后，妈妈给了我 20 块钱，要看看我的表现。

于是，我边走边看。这时，我看到一个阿姨在卖蘑菇，我问阿姨："阿姨，蘑菇多少钱一斤？"阿姨说："小朋友，蘑菇 7 元一斤。""阿姨，我要半斤。"我想：$7 \div 2 = 3.5$（元），$20 - 3.5 = 16.5$（元）。然后我又买了半斤蒜薹花去了 3 元，剩下 13.5 元了。

接着，我又来到了肉类区，看到一个叔叔的肉摊，便问："叔叔，肉多少钱一斤？"叔叔说："10 元一斤。""那我买一斤。"我把手中 13 元 5 角中的 10 元给了叔叔，剩下的 3 元 5 角还给了妈妈。

当我们从菜市场走出来，妈妈看着我手中有荤有素的菜，笑着对我说："我家大宝贝学会买菜了！"

【点评】人生中有许许多多的第一次，买菜只是其中之一。能够用自己课堂上所学的知识，完成生活中的一个第一次，不光是检验所学知识情况，也是突显一种能力吧！

指导教师：冯淑霞

小圆点

四年级（2）班　李秭萱

　　今天天气晴朗，我和妹妹、舅妈一起去超市买东西。

　　舅妈让我和妹妹在一个小型游乐园里玩，忽然，妹妹看见一位阿姨在卖东西，阿姨卖的东西里有饼干，就推着我妹去买饼干。我看见了饼干下面的价签，笑着问妹妹："馨月，这袋饼干多少钱啊？"妹妹看见了15.3这三个数字，就惊奇地说："这袋饼干好贵啊，153元呐！"

　　我神秘地说："你再看看是153元吗？有什么不同？"妹妹仔细看看后，仿佛发现一个大宝藏似的说："5和3之间有个小圆点！可这是干什么的啊？"我说："我现在告诉你，这袋饼干是15元3角，你想一想这小圆点是什么作用？"妹妹立刻说："小圆点前面的是元，小圆点后面的是角。"我接了一句说："如果后面再加一个数字，还可以表示分。"

　　小小圆点，作用超大，在生活中起着举足轻重的作用！

　　【点评】小小圆点，举足轻重，生活中处处用到。看来你有一双善于发现的眼睛，你能够把课堂上学到的知识运用到生活中，体会数学在生活中的重要作用，你真是个爱思考的孩子！

指导教师：冯淑霞

负数对我们有很大的帮助

四年级（2）班　宋佳逸

最近数学老师在课上讲：生活中有很多地方都用到的是负数，负数有很多用处，比如：气温、温度、海拔高度……在表示温度和海拔高度时，出现了相反的意义的量，可以分别用"正数"和"负数"来表示。

在温度计上，0摄氏度以上的温度用正数来表示，0摄氏度以下的温度用负数来表示。如果画图时"0"左边越来越小，"0"右边越来越来越大，就形成"0"右边是正数，"0"左边是负数。

通过老师讲的正负数我知道了哪里可以用正负数，正负数怎样用，特别是我学会了怎样看温度计，以后我可以自己查看体温情况了哦。

数学还有很多的知识，我一定要好好学习数学。

【点评】通过学习负数，培养了学习数学的兴趣，对学科产生兴趣了，也就提高了学科的学习效率，使之在原来考试六七十分的基础上提高到了九十八分，难能可贵。

指导教师：冯淑霞

生活中处处有数学

四年级（2）班　吴淼

一个夏天的傍晚，我决定跟随着爸爸一起去捉知了猴。

晚饭后，我跟爸爸来到公园里遛弯，边走步眼睛边向周围蹚摸。爸爸带我走到了几个粗壮的老杨树下，告诉我："只有这样的老树下才容易找到知了猴。因为，知了猴通常会在土壤中待上几年甚至十几年，才会出来。"我听了后为之一惊，感叹道，原来知了猴的寿命这么长呢！

估计是我太缺乏经验了，走了大半个小时了才找到了2只，爸爸却找了十多只了。于是，我也按照爸爸的方法，仔细地察看着树下的小洞，还真有收获，我也又找到了一只，兴奋地向爸爸报告着。

回到家里，我跟妈妈汇报了今天的收获，妈妈说，我给你出个关于知了猴的数学题吧！"没问题。"我胸有成竹地说。妈妈说："如果让你把捉到的知了猴拿到外面去卖，2只知了卖1元，今天你一共捉了14只，那你一共能挣多少钱？"我心里想了一想，要求一共卖了多少钱，就得先求得一只能卖多少钱，一只的单价是1元除以2，得出单价，再用单价乘以一共的只数就算出来了。关键是 $1 \div 2 =$ 怎样计算呢？"哈！我知道了，是7元。"妈妈微笑着点点头，说："嗯，算对了。"能说说你是怎样算的吗？我说简单：把1元换算成10角，再用 $10 \div 2 = 5$（角），一只5角，14只就是14个5，$14 \times 5 = 70$（角），也就是7元。妈妈听后夸奖说："你真棒！"

今晚我真高兴，不但收获了快乐，也体验到了生活中处处有数学。

【点评】生活中的确是处处有数学，这要做有心人。你能够把课堂上学到的知识运用到生活中，使自己学到的知识得到了升华，也从中体会到了快乐。

指导教师：王建平

购物时的糗事

四年级（2）班　吴淼

今天早上，妈妈正要给蘑菇浇水，发现家里的小喷壶坏了，有了上次买数学纸的经验，妈妈放心的让我再一次独自一人去买喷壶。

超市发超市离我家很近，就在小区的南门边上。到了超市，琳琅满目的商品让我眼花缭乱，喷壶在哪里呢？静下心来想想，喷壶应该是属于锅碗瓢盆一类的吧！顺着超市商品的指示牌我顺利地找到了厨房用品销售区，不错，今天撞大运没有找错。但是我转了好几圈，也没有在这里找到喷壶的影子。没有办法，看来我要求助超市售货员阿姨了。售货员阿姨非常热情的带我找到了我要买的喷壶，我还没来得及对阿姨说声谢谢，阿姨就去忙自己的工作了。

我发现这里有很多很多的喷壶，各式各样的，有大有小，有带颜色有不带颜色。我挑了一个彩色的喷壶，才1.2元，真是太便宜了，拿着喷壶我来到了收款台，阿姨扫码后告诉我12元，我很惊奇，不是1.2元吗？阿姨说你去看看是不是看错了，我回到了喷拿喷壶的地方，发现我真的是看错了，还真是12元，刚才是我没看到价签上的小数点，太马虎了，回到收款台，我对阿姨说对不起，是我看错了，阿姨笑了笑说没关系，下次一定要看清楚。

从这件事我明白了一个道理，一个小小的马虎不仅仅给我们带来麻烦，还容易闹出笑话，这真是一件糗事呀。

【点评】小小马虎，人人都有，时时都发生，不只是买东西的事。你能够通过买喷壶一事，因为看错价签闹出笑话，从中认识到马虎的危害性，这也是一种收获！

指导教师：王建平

第一次买东西

四年级（2）班　吴淼

　　在我们生活里，有许许多多的第一次，第一次洗碗，第一次做饭，第一次骑单车。不过给我印象最深的还是第一次自己去买东西。

　　第一次自己去买还是因为在写口算时，发现我的数学纸用完了。想让妈妈去帮我买一打，但是，妈妈正在做饭，妈妈说我已经长大了，可以自己去买了。给了我 10 元钱，我很激动，这可是我第一次自己去买东西呀。

　　我们小区的晨光用品店离我家并不远，但是需要过一条马路，心里有些忐忑的我小心翼翼的学着妈妈领我过马路的样子，顺利地来到了文具店，找到了我想要的数学纸，上面标注着 3.5 元一打，我带的 10 元钱是两张 5 元的，我想给店里阿姨一张 5 元就足以，便随手递给阿姨一张 5 元的。阿姨见我手里还有一张 5 元的，就说怎么不把两张都给我啊？我满不在乎地说：因为这两天我们刚学完小数减法：5-3.5=1.5 元，用一张 5 元的还有富余。阿姨夸我聪明，数学算的快，给了我 1.5 元。我拿着数学纸和剩余的 6.5 元跟阿姨说了声再见，高高兴兴地回家了。

　　通过这次自己买东西，我知道数学知识不仅仅在课本上体现作用，在我们实际生活中用到数学的地方也很多，方便我们的生活。

　　【点评】能够把课堂上学到的知识运用到生活实际中，体会学习数学的快乐。你能发现生活中的许多数学知识，说明你有一双善于发现的数学慧眼，加上你对数学的兴趣和你的聪明才智，你一定能在数学的学习道路上走得更远！

指导教师：王建平

乒乓球与盒子

四年级（2）班　张敬轩

　　今天，数学课我们学习了"乒乓球与盒子"。老师讲完新课之后让我们做练习题：把5支花插在4个花瓶里，有几种插法？我写了一大串数字，但不知道对不对。一会儿，老师叫李昀赫到黑板上写答案，我对照了一下，我做得不对，我比他多写了许多种，但我不明白为什么我写了那么多方案却不对呢？仔细听了老师的讲解后我一下子就明白了："3、1、1和1、1、3"属于同一种方法，只不过是调换了一下位置。

　　通过这件事我明白了做事情要灵活，要掌握其特点，抓住共性与区别，方能使自己不断进步。我要继续努力，遇到问题多多思考，善于动脑。

【点评】事情虽然不大，但是能够从中悟出大道理，你能在问题解决的同时总结经验——善于动脑、细心思考、认真分析、身临其境、迎刃而解，太棒了，坚持下去，你会越来越好！

指导教师：冯淑霞

数学游戏

四年级（2）班　张禧玥

今天老师给我们上了一堂既有趣又生动的数学课，内容是乒乓球与盒子，跟脑筋急转弯一样，特别简单，我很快就学会了技巧和妙招，只要上课认真听讲就全明白了。

比如这道题：把 4 个乒乓球放进三个盒子中，任意摆放，求一共有多少种不同的放法？

列表法：

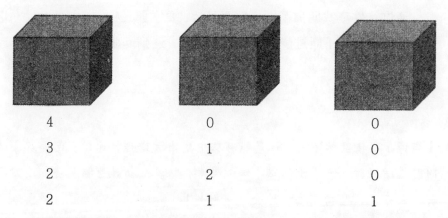

4	0	0
3	1	0
2	2	0
2	1	1

由此发现，把 4 个乒乓球放到三个盒子里，一共有四种放法，在每种放法中，都一定有一个盒子里放进了 2 个或 2 个以上的乒乓球。

分解法：

把 4 分解成 3 个数，如图所示：

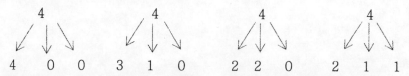

4			4			4			4		
4	0	0	3	1	0	2	2	0	2	1	1

由此发现，把 4 分解成 3 个数，一共有四种情况，每一种情况分得

的三个数中，一定有一个数等于 2 或大于 2。

解答：有 4 个乒乓球放进三个盒子中，会有 4 种放法。

通过本节课的学习，我体会到：只要认真读题，读懂题，你就会发现答案，因为答案都在题里面，题就像一个谜团，不认真读题，就会把自己绕进去，越绕越乱，绕来绕去，绕不明白，所以一定要认真审题、读题，找到知识间的内在联系。记得老师告诉过我们"学习就应用旧知识解决新问题，使知识新而不新"，我很喜欢这句话。

【点评】学习除了刻苦努力之外还要有一定的方法。俗话说："熟能生巧"，方法是从不断学习，善于思考，积极总结而来。你学习很用心，深刻理解了老师的话并从中体会到了含义。

指导教师：冯淑霞

决战"九宫格"

四年级（3）班　曹凯

　　今天，我和妈妈做了一个数学游戏。在这个游戏中我感受到了数学的乐趣，也体会到了数学的神奇和奥妙。

　　这个游戏是在九宫格内填写 1～9 九个数字，使九宫格内各方向数字相加之和等于 15。听妈妈说完规则，我心想这有什么难的？立刻动手填。可是我尝试了五六遍，也没有试出个结果，纸都被我擦破了，画的九宫格也被我擦去了颜色。我不禁郁闷起来。

　　我对妈妈讲了我遇到的麻烦。她笑着说："遇到问题要先动脑思考，而不是鲁莽的胡乱尝试。"她告诉我，填写九宫格，要先确定中间格子的数字，再依次确定水平、竖直和对角线上的数字；填数字时要注意大数和小数的搭配，要有耐心。

　　在妈妈的启发下，我逐渐找到了窍门。经过反复试验，我终于解决了这个"难题"！我感到非常骄傲，妈妈也露出了欣慰的笑容。

【点评】拥有锲而不舍的精神，才能更加深刻地体会成功的喜悦。希望你在以后的学习、生活中解决一个又一个"难题"！

指导教师：魏麒元

神奇的乘法

四年级（3）班　陈才京

二年级的时候，我就对乘法感兴趣，但那时候我只会加法，减法，不知有其他算法。暑假里，我问妈妈什么是乘法？妈妈说："就是一个数加上几个这样的数，比如 $1×2=1+1$，$5×5=5+5+5+5+5$。"我说："知道了。"其实我嘴说知道，可是我心里不怎么明白。好吧！那就从最简单的开始！我想刚刚妈妈说：$1×2=1+1$，思考了一会儿，噢！2 个 $1=2×1$，那 1 个 2=？又思考了一段时间，啊！1 个 $2=1×2$，哇！两个算式只反了一下，刚刚妈妈又说：$5×5=5+5+5+5+5$，我想：$5+5+5+5+5=25$，$5×5=25$ 那 $6×6=6+6+6+6+6+6=36$？我问妈妈，她说对，接着递给我了一张乘法口诀。我把乘法口诀背完以后，又想到了两位乘法到底如何运算的呢？

一开始，我自己算，怎么也算不出来，只好请教妈妈，妈妈说："一样，$10×10=10+10+10+10+10+10+10+10+10+10=100$，$100×100=10000$。"我又有一个大大的问号，又开始测试：$10×10=100$，$100×100=10000$，$20×10$？加法运算：$20+20+20+20+20+20+20+20+20+20=200$，$20×10=200$？咦？$2×1=2$，$20×1=20$，$20×20=200$ 每次加了 1 个 0？那 $30×10=300$？加法运算：$30+30+30+30+30+30+30+30+30+30=300$！哦！原来两位乘法那么简单！哈哈！

过了一段时间，我告诉妈妈我会两位乘法了，妈妈也很高兴，考了我一道题：$11×11=$？呢？"不知道"我说，接着就是一堂教育课，回到房间，我又想 $11×11=$？过了一小段时间，哦！会不会是这样算？把 $11×11$ 拆成两个：$10×10=100$，$11×1=11$，$100+11=111$？

$11×11=11+11+11+11+11+11+11+11+11+11+11=121$？不对！加了 10 呢！$11×12=10×10$，$11×2=22$，$100+22+10=132$……对了，

12×11=132。后来我发现 10 以上 20 以下相乘，都可以用这样的方法。数学的世界里还有好多神奇的算法，你知道吗？这样的规律，你发现了吗？

好神奇吧？奇妙的数学，我越来越喜欢你！

【点评】详细描述了乘法的学习过程，有思路，有逻辑，有推导，对乘法的原理描述的比较清晰。

指导教师：魏麒元

学会"学习"

四年级（3）班　康宇航

今天我又遇到一道数学难题，费了好大的劲才解出来。题目是：两棵树上共有 30 只小鸟，乙树上先飞走 4 只，这时甲树飞向乙树 3 只，两棵树上的小鸟刚好相等。两棵树上原来各有几只小鸟？

我一看完题目，就知道这是还原问题，于是用还原问题的方法解。可验算时却发现错了。我便更加认真地重新做起来。我想，少了 4 只后一样多，那一半是 13 只，还原乙树是 14 只；甲树就是 16 只。算式为：（30—4）÷2=13（只）；13—3+4=14（只）；30—14=16（只）。答案为：甲树 16 只，乙树 14 只。

通过解这道题，我明白了，无论做什么题，都要细心，否则，即使掌握了解题方法，结果还会出错。

【点评】细心，是成功的必要前提之一。看来你已经在实践中懂得了这个道理。希望你在以后的学习中一直记住这点，加油！

指导教师：魏麒元

生活中的数学

四年级（3）班　李梓瑶

生活中我们都离不开数学，比如买菜时的价钱，钟表上的时间，日历上的几年几月几日，今天就让我来给大家介绍几道数学题吧！

每天早上起床，当我们看到闹钟，闹钟上的数字就是生活中的数学。因为我们一天24小时，时针也就是24圈。那一个月乘以12等于一年。这就是时间上的数学。

平时家长都会去菜市场里买菜，当然菜市场里也离不开数学。比如菜花多少钱一斤？买了二斤菜花花了多少钱？该找回多少钱，都离不开数学。白菜每斤3元，买了3斤多少元？三乘以三等于九元，给了20元，找回多少钱？二十减去九元等于十一元。

"勤动脑+勤动手=成功"，这就是我们通过实际生活得出的道理，也是我解题的顺序。

其实，生活中还有许多奇妙的数学，在等着我们去寻找，去发现。

【点评】'数学来源于生活'，用你善于发现问题的眼睛继续去寻找吧，你会发现更多不一样的美！通过学习，你还可以做到'数学回到生活中去'，到实践中去应用吧！

指导教师：魏麒元

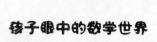

与数学的"约会"

四年级（3）班　吕致融

生活中有很多数学问题，比如说距离、速度、时间。今天，我跟大家分享一个关于巧算的故事。

放学，我走进一家超市，里面的东西好多呀！一眼望去，商品底下的价签上有小数，也有整数。想起数学课上学的小数，有小数读法和写法，小数大小比较，小数加减法，我开始计算买东西花了多少钱，洗衣粉 15.3 元+奶茶 6.5 元+零食 3.5 元 …… 怎么这么多小数！

再仔细一看，这不是加法结合律吗？奶茶 6.5 元+零食 3.5 元=10 元，凑巧是整数，10+15.3=25.3 元。这样，较为复杂的数学问题就用简单的方法解决了。

数学真有意思呀！我们一定要学好数学，数学能帮助我们解决问题。

【点评】学以致用！'数学来源于生活，数学应回到生活中去'，你做得很好！

指导教师：魏麒元

数学与生活

四年级（3）班　尚子誉

在今年寒假，我准备睡午觉。我定了一个闹钟写的是 2：00。一切准备好以后，我就躺下睡着了。我这一睡就跟一天没睡一样。下午 5 点，妈妈拍拍我说已经 5 点了。我还一脸不信的表情，又对妈妈说我定了 2 点的闹钟它为什么没响？妈妈说："我不信！"我给妈妈看，她笑得快肚子疼了！

之后妈妈让我看一个地方，我才发现我把下午写成了上午。我害羞地低下了头。妈妈还告诉我，上午 1：00、2：00、3：00、4：00……这么写的。下午 13：00、14：00、15：00……应该这么写。我说那要是前面有上午或下午呢？妈妈对我说："那就都按上午的写法去写，但是 1：00、2：00 或 13：00、14：00 这样写更简便。

我突然觉得不仅能在数学课上学数学，也可以在生活中学数学。

【点评】善于发现问题并总结，你是个会学习的小姑娘！

指导教师：魏麒元

我心中的好老师

四年级（3）班　张博强

每个同学都有心中的老师，我也不例外。

我心中那位可爱的老师就是我的数学魏老师，他长得不高不矮、不胖也不瘦，一双明亮的眼睛，整天面带笑容，看上去和蔼可亲。

魏老师是从四年级上学期开始教我们数学课的，以前我很讨厌数学，因为有的时候听不懂，可是自从魏老师教我们，我现在非常喜欢上数学课，觉得数学课很有意思。

有一次，魏老师给我们上了一节"不一样的数学课"，数学课上可以查字典，还和古诗有关，每首古诗都有数字，我觉得很有意思，上完这节数学课，有种在数学课上偷偷写语文作业的感觉。

魏老师很包容，有一次我在数学课上走神儿了，魏老师温柔地说："看黑板"。魏老师每节课都会给我们耐心地讲题，教给我们很多知识，我们像小苗一样吸吮着，魏老师讲课的风格我很喜欢，他的声音吸引着我们，使我们在课堂上能够认真听讲，学到了很多知识，这些知识深深地记在我的脑海里。

我每次遇到不会的问题去问魏老师，他也会积极地为我解答，我心里感觉无比的温暖。

【点评】一路走来，魏老师与你们共同成长！愿你也能像我一样找到自己喜爱的职业，从而在追求事业成功的基础上不断地汲取知识充实自己。

指导教师：魏麒元

超市中的数学问题

四年级（3）班　王嘉泽

　　星期天，我和妈妈去逛超市买牙膏。我发现了同种竹盐牙膏有两种买法：1.3 个 110 克的牙膏组合成清新畅享装是：17.9 元；2.一支重 150 克的牙膏是 8 元，妈妈问："你看两种卖法的牙膏，买哪种牙膏更省钱呢？"这下子可把我难住了，妈妈又对我说："今天我们可以把 17.9 元就看成 18 元，你来算一算吧！"我立即说："买清新畅享装更省钱。"妈妈问："为什么呢？"我说我是这么想的：18 元买三盒，用 18 除以 3 等于 6 元，那么 110 克的牙膏 6 元每盒，150 克的牙膏 8 元每盒，也就是多 2 元钱多买 40 克牙膏，照这样 1 元可以买 20 克牙膏，而买 150 克的牙膏，1 元买不到 20 克牙膏，所以我认为买清新畅享装省钱。妈妈听了以后高兴地对我说："儿子太棒了！学好数学真的很有用。一定要好好学习数学知识，对你以后的帮助会更大。"

　　【点评】估算，属于生活中常用的一种数学思考方法。能学以致用，并做到条理清晰地表达，看来你对于估算的理解一定很深刻了！

指导教师：魏麒元

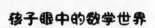

我生活中的数学

四年级（3）班　王锐晨

爸爸和妈妈给我买了一个新的二胡，顶处有一个龙头，雕刻得栩栩如生。二胡的两根细细的琴弦距离为 0.5 厘米，头大约有我的拳头那么大。它的出音筒是个正六边形，两条相邻的边相交，对边互相平行。这时我突然想起一个问题；正六边形的内角和是多少呢？我知道三角形的内角和是 180 度，正六边形和三角形有什么关联吗？思索半天，原来正六边形可以分成四个三角形，每一个三角形的内角和是 180 度，所以正六边形的内角和为 180 乘以 4 等于 720；正六边形的每一个内角相等，所以每个内角为 720 除以 6 等于 120 度。

通过在生活中的小小思考，我又多知道了一些数学知识，我一定要在以后的日子里多思考，做个爱动脑筋的孩子。生活中的数学，真是无处不在呀！

【点评】学问，就是学会问问题！你能在原有知识基础上进行思考，已经学会了学习，加油吧，你会做得更好！

指导教师：魏麒元

"失之毫厘，差之千里"

四年级（4）班　李梓嫄

今天课上，老师把我们的家庭作业发了下来。我看了看卷子，除了一道不会做的题，我还因粗心做错了一题，看着这道题，我陷入了沉思……

当做这张卷子时，我并没有仔细看，而是粗略看了一眼就开始列式，没有看到其中的一个只有短短两字的关键条件。真所谓"失之毫厘，差之千里"。

以后，我一定会吸取这一次的教训，认真对待每一道题，每一个字，不再为自己的粗心"买单"！

【点评】要知道，犯错是在所难免的，但是能够认识到错误的根源却是一件很不容易的事情。你能够充分认识到"失之毫厘，差之千里"，你真的很棒。

指导教师：王静

吃一堑，长一智

四年级（4）班　张佳怡

今天上数学课的时候，老师把昨天留的数学家庭作业发给了我们。我一看，当时就愣住了，心想：哎！老师说的真没错呀！该会的题不对，难的题不会。一点也没错！张佳怡呀，张佳怡呀，你是傻吗？除了有一道题确实不会以外，其他3道应该错吗？如果你要按照老师说的方法去做，分析准确了，不是就错不了了吗？你就是不听老师的话啊！

通过这次的教训，我知道了以后做题时，一定按照老师教的方法，先将题意分析清楚，动脑好好想想思路，再仔细去做，这样就会大大减少错误率。"吃一堑，长一智吧！"我以后一定按照老师教的方法去做每一道题。

【点评】通过练习找出自己的缺点和薄弱之处是好的，但是学习不能死套老师教的方法，应该结合自己的实际悟出属于最适合自己的学习方法，这才是一种真正的提高。

指导教师：王静

对联中的数学

四年级（4）班　徐秀实

　　一直以来，我都觉得数学是枯燥无味的，除了数的运算还是数的运算，但是今天我在一本书上看到一副对联，这才觉得数学知识也是蛮有趣的。

　　这副对联是乾隆皇帝为一名老者祝寿时写的。乾隆皇帝出了上联：花甲重逢，增加三七岁月。老者对出下联：古稀双庆，更多一度春秋。请问，老者多少岁？

　　我有些丈二和尚摸不着头脑，妈妈说："花甲指 60 岁，古稀是 70 岁。你想想三七是什么意思。"妈妈这么提示一下给了我灵感："上联说花甲重逢，应该指的是 2 个 60，三七岁月应该是 21 年，那么 2 乘 60 加 21 等于 141 岁。下联说古稀双庆，是 2 个 70 岁，一度春秋指 1 年，2 乘 70 加 1 也等于 141 岁。那老者就是 141 岁。"妈妈笑了："恭喜你答对了！"

　　我真没有想到一副对联也藏着这么有趣的数学问题，真应了数学家华罗庚说过的那句话：宇宙之大，粒子之微，火箭之速，化工之巧，地球之变，日用之繁，无处不用数学。

　　【点评】通过这个小故事，我看到你是一个知识储备量比较丰富的孩子。其实数学表面看来是枯燥无味的，实际如果真的去用心研究、寻找，就会发现数学还是很有意思的，是有规律可遵循的。

　　　　　　　　　　　　　　　　　　　　指导教师：王静

黄金分割点——神秘的 0.618

四年级（4）班　李卓菲

课外辅导课上，老师讲了黄金分割点。

老师说，在 2000 多年前，数学家发现：一条线段分割成大、小两段，若小段与大段的长度之比恰好等于大段与全长的比的话，那么这一比值等于 0.618……人们把这个点叫做黄金分割点。

有趣的是：人的肚脐是人体总长的黄金分割点；人的膝盖是肚脐到脚跟的黄金分割点。金字塔、巴黎圣母院、埃菲尔斜塔都与 0.618 有关。

人们还发现，一些名画、雕塑、摄影作品的主题，大多在画面的 0.618 处。因此，大画家达·芬奇把 0.618 称为黄金数。

【点评】你的课外知识很丰富。你知道吗？黄金分割点还用于舞台上。主持人站在台上报幕，不是随意站到哪里的，一般要站在你所说的"黄金分割点"处。期待着你能在生活中发现更多与黄金分割点有关的地方。

指导教师：王静

接受考验

四年级（4）班　朱家睿

　　星期日，妈妈带着我去逛街，给我买了好多的零食和一套很漂亮的衣服，还有一双运动鞋。我们逛了一下午才高高兴兴地回到了家。

　　刚到家，我就把东西往沙发上一扔，躺了下来。这时，爸爸走了过来，看了看我们买的衣服和鞋子问："今天买运动服花了多少钱呢？"我想了想没说话。爸爸又笑着说："那我就考一考你吧！"如果答不出来今天你做饭。我开心地说："那你就放马过来吧！"

　　"铃！你听题。今天，买的衣服和裤子共花153元，上衣比裤子的2倍少24元，一双鞋的价钱比一件上衣的价钱的3倍还多8元，问我今天买的上衣和鞋共花多少元？"

　　听了爸爸的题后，我左思右想，可还是理不出头绪，所以又让爸爸念了一遍，"啊！我终于懂了，这不就是三年级学过的倍数关系的问题吗！"我高兴地说，"先用153加上24的和除以3等于59是裤子的价钱，59乘2减去24等于94元是上衣的价钱。而鞋的价钱是用94乘3加上8等于290元。"

　　爸爸一边拍着我的肩膀一边高兴地说："我的女儿真聪明呀！"我也高兴地笑了。

　　【点评】学以致用，把课堂上学到的东西应用到生活中，这是一种能力，检验了学。还应该把生活中所观察到的联系到课堂学习中，也就是我们通常所说的联系生活实际，也是一种能力，有助于学。

指导教师：王静

井盖的"小秘密"

四年级（4）班　徐秀实

生活中处处都有数学图形的影子，比如圆形的轮胎、照相用的三角架、平行四边形的伸缩门等等。以前我从没有认真考虑过这些图形的用途，然而有一件事却改变了我。

傍晚，我和爸爸在街边散步，爸爸忽然问我："你看看大街上的下水井盖有什么特点啊？"我低头看了又看说："绝大多数的井盖都是圆的，尤其是靠近马路中央的。"爸爸点点头，接着问："那为什么井盖都是圆的呢？"我想了一下说："因为圆形的井盖像轮胎，搬运起来比较方便。"爸爸说："也有些道理，但这并不是最主要的原因。"我摇摇头表示不解，爸爸提示我说："如果井盖是方形的，会怎样？"我琢磨了一下，恍然大悟："如果井盖是方形的，当井盖竖起来，井盖会沿着对角线方向掉下去。但如果是圆形，不管怎么转，井盖都不会掉下去。在有汽车飞驰的马路上，如果井盖没了，得多危险啊！"爸爸笑了，称赞我答得对，说："这就是井盖中的小秘密。"

原来，数学图形与我们的生活是这么的密切。我不禁感叹：数学知识真是无处不在啊！

【点评】马路上的井盖，有多少人熟视无睹，没人去质疑它为什么是圆的。你能够在家长的引导下，认真思考，从中学到了宝贵的知识。由此可见，你是一个爱学习、会学习的孩子。

指导教师：王静

巧解难题

四年级（4）班　刘骞屿

在今天的数学课上，我学到了不少知识，但其中的一道题目令我难忘。

那道题目是要求出两个每份数，已知条件有平均数及总份数，但是光凭这两个信息是求不出那两个每份数的，好在那两个每份数都各给了一位数。虽然我是用一种较笨的方法算的，但是最终结果还是对了。过了一会儿，老师就开始讲这道题了。老师的方法很巧妙，先用平均数求出了总数，然后用总数把其他的每份数减掉，接着把要求出的两个数给的一位数合成一个两位数，也把这个数减掉，剩下的数分开，在个位上的数给一个平均数的个位，在十位上的数给另一个平均数的十位就可以了。

是不是很简便呢！我试了又试，太棒了，这方法绝妙，你也可以一试！

【点评】通过这件事，反映出你是一个爱学习，善于运用所学解决问题的孩子。要知道，学习数学，就是要提高一种能力。一题多解，是锻炼能力的途径之一。养成好习惯，久而久之能力自然就提高了。

指导教师：王静

巧用数学

四年级（4）班　李梓嫚

今天老师在课上讲了三角形具有稳定性，平行四边形具有折叠性。我想：这些图形的特性跟生活有没有关系呢？

我闲来无事正翻书时，突然想验证一下老师的说法：如果把摇晃的椅子的结构换成三角形的，是不是就能使椅子不再摇晃呢？于是说干就干。我找来一些硬纸板，把它们粘在一起，裁成长条状，又把他们分别斜贴在椅子腿的上下端，椅子真的不再摇晃了！我当时兴奋极了。

原来，生活中真是处处有数学啊！

【点评】通过这件事情，反映出你是一个爱钻研的孩子，你善于运用所学知识。要知道，数学来源于生活，更应用于生活，只要留心观察，就会发现，生活中处处有数学。

指导教师：王静

神奇的 142857

四年级（4）班　李卓菲

"142857"看似平凡的数字，为什么说它神奇呢？

我们把它从 1 乘到 6 看看：

142857×1=142857

142857×2=285714

142857×3=428571

142857×4=571428

142857×5=714285

142857×6=857142

通过计算我发现，142857 分别与 1 至 6 各数的乘积都是由相同的六个数字组成的，只是它们调换了位置。那么 142857 与 7 的乘积又是多少呢？我惊奇地发现它们的乘积是 999999！我把 142857 分别分解成两部分或三部分，又有了新的发现：142+857=999，14+28+57=99。

其实，这个规律被发现于古埃及金字塔内，它证明了一星期有 7 天，当它自我累加一次就由它的 6 个数字依顺序轮值一次，到了第七天它们就放假了。

数字真的很奇妙，我想也许这就是宇宙的秘密！

【点评】敢于探索，善于发现，就能够创造奇迹。通过这件事反映出你的课外知识很丰富，希望你的发现能够对你今后的学习，特别是数学的学习有所帮助。

指导教师：王静

生活中的数学——平均数

四年级（4）班　李梓嫕

最近，我们刚学了"平均数"这一新的知识，别看它简单，在生活中可是很实用呢。

今天，我和妈妈去超市买牙膏，妈妈说："宝贝，我要买的这款牙膏很贵，这次碰巧遇上了促销活动，你比较一下，算算哪款最划算。"我信心满满地对妈妈说："没问题，这事包在我身上。"

我开始查看牙膏的价钱。一种牙膏买一赠一，一盒 42 元；另一种牙膏三盒三盒卖，一盒原价 28 元，其中一盒打 9 折，另外 2 盒打 8 折。我想：第一种牙膏相当于 2 盒牙膏 42 元钱，单价就是 $42 \div 2 = 21$ 元；第二种牙膏的单价是 $28 \times 9 = 252$ 元，$252 \div 10 = 25.2$ 元，$28 \times 8 = 224$ 元，$224 \div 10 = 22.4$ 元，$22.4 \times 2 = 44.8$ 元，$44.8 + 25.2 = 70$ 元，$70 \div 3 \approx 23.3$ 元。因为 23.3>21，所以，用第一种方法买牙膏最实惠。

我把我的思路告诉妈妈后，妈妈直夸我真聪明，我心里甜滋滋的。数学与我们的生活密切相关，请大家留心生活中的数学！

【点评】你是生活中的有心人。把学到的知识用于生活中，既锻炼了自理能力，又深化、巩固了所学的知识。你不但学会了知识，还会运用知识，真正做到了学以致用。

指导教师：王静

实践出真知

四年级（4）班　张佳怡

几个月前，我们在数学课上学习了平移和旋转的知识。刚学完，老师就让我做题，可我还是不明白旋转这种题是怎么回事，怎么旋转；旋转 90°、180° 时到哪儿？

那天在做练习时，因为不明白，一笔也没写。就在这时数学群里传来老师的声音："在做旋转这种题时，先要用一小块纸撕成几个图形，然后再用图旋转，就会很快明白怎么回事了。"听完老师说的这句话，我恍然大悟，按照老师说的我撕了几个图形，再做起题时果真简单多了。真是实践出真知啊！

第二天老师又把知识点讲了一遍，这时我觉得旋转是本册数学书上最简单的知识！

【点评】学习好数学是一种能力。动手操作的方法，简单易行，能够使问题简单化。通过这个小故事，我看到你是一个善于思考、遇到困难不退缩的孩子，相信如果你继续努力学习，善于实践，将来一定会有很大的成就。

指导教师：王静

小失误 大教训

四年级（4）班 徐秀实

今天数学课上，老师把昨天的家庭作业逐一讲了一遍，我才发现，因为粗心大意我竟然做错了一道非常简单的选择题。题目是这样的："徒弟每小时做 6 个零件，师傅每小时多做 8 个，求师傅 3 小时比徒弟多做几个零件？"当时我看后不假思索就作答了，心想：这题确实简单，不就是 8×3-6×3=6（个）嘛。今天老师一讲，我才恍然大悟。因为我没有认真读题，结果掉入了出题人的"陷阱"里了。其实"徒弟每小时做 6 个零件"这个条件就是一个"烟幕弹"啊，让很多人想当然的认为后面的条件就是师傅每小时做的零件个数。而如果做题的时候能更认真地读题，仔细的研究每一个条件，其实这道题的答案呼之欲出，就是 8×3=24（个）。

这一次做题给了我深刻的教训，让我认识到读题审题的重要性，同时也让我感受到了中国文字的博大精深，仅仅相差一个字，结果就大不相同。真是失之毫厘，谬以千里啊！

【点评】通过这件小故事，看出你是一个善于反思自己、善于总结经验的孩子。一个小小的失误，却悟出了精华，悟出了教训，其实这也是一种收获。

指导教师：王静

饮料的分配问题

四年级（4）班　徐秀实

今天，家里要来客人，我和妈妈打算去超市买些饮料。我们想买四瓶、三种不同口味的饮料，分别是桃汁、梨汁和苹果汁。妈妈突然说："考一考你啊，你准备怎么买啊？"

我听完后，偷着乐了，心想：这可难不倒我。这不就是今天刚学的"乒乓球与盒子"的知识点嘛，相当于用 3 个盒子装 4 个乒乓球啊！我想了一下说："有 4 种方法。第一种是一个口味拿 4 瓶；第二种是任意拿两种口味，一种拿 3 瓶，另一种拿 1 瓶；第三种也是任意拿两种口味，一种拿 2 瓶，另一种拿 2 瓶；第四种是三个口味都拿，一个拿 2 瓶，另外 2 种口味各拿 1 瓶。"妈妈说："那我们就选择第四种吧。"于是我们买了 2 瓶桃汁、1 瓶梨汁和 1 瓶苹果汁，然后高高兴兴地回家了。

看来，我们的生活真的是离不开数学呢！

【点评】生活离不开数学，是因为数学来源于生活，应用于生活。通过这个小故事，我看到你善于运用所学知识解决生活中的问题。把学到的知识和生活紧密结合，有助于巩固和深化所学知识。

指导教师：王静

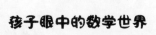

有趣的数字

四年级（4）班　李卓菲

0、1、2、3、4、5、6、7、8、9。这十个阿拉伯数字很简单，但也很有趣，我们来看看下面的数字有什么规律呢？

$21 - 12 = 9 = (2 - 1) \times 9$

$53 - 35 = 18 = (5 - 3) \times 9$

$82 - 28 = 54 = (8 - 2) \times 9$

这样的数叫倒转数，通过观察我们发现，任意一个两位数与它的倒转数的差，一定等于组成这个两位数的两个数字之差的9倍。利用这样的规律，我们就能做出一些像下面这样的题：

一个两位数，十位上的数字与个位上的数字之和是 10。如果把十位上的数字与个位上的数字调换位置，组成一个新的两位数，就比原数大 72。求原来的两位数。

现在，根据题中已知条件，这个两位数与其倒转数的差是 72，那么这两个数字的差就是 $72 \div 9 = 8$，又因为两个数字的和是 10，根据和差问题就能求出这两个数字分别为：$(10 + 8) \div 2 = 9$，$(10 - 8) \div 2 = 1$.那么，这个两位数就是 19.

我相信：只要我们细心地去观察、分析、发现，就能所向披靡，战无不胜，将这些数字问题一一征服。

【点评】通过这篇日记反映出你是一个善于动脑思考的孩子。要知道学习数学就是要善于动脑，不断探索、用心观察、认真分析，就会有所发现，就能掌握规律。

指导教师：王静

原来打七折是这样计算

四年级（4）班　张佳怡

　　今天，我和妈妈去商场，进了一家服装店，衣服旁边有一张大海报，上面写着 "部分商品七折出售"。我心想，七折出售不就是原价除以 7 吗？我把我的想法告诉了妈妈，妈妈说："如果原价是 700 元，除以 7 就变成 100 元了，这可能吗？应该是原价 700 元，除以 10 再乘以 7，所以七折出售是 490 元。"

　　经过妈妈的解释，我终于知道了打折问题的算法。原来生活中也有奇妙的数字。

【点评】数学来源于生活，生活中处处有数学。折扣的问题是生活中特别常见的问题。能够在生活中多多尝试的去认识它，会对你今后的学习有所帮助。

指导教师：王静

找错钱

四年级（4）班　朱家睿

在一个天气晴朗的日子里，我高高兴兴地背着书包放学回家。

刚到家，我就把作业拿了出来，写起了作业。过了一会儿，妈妈走进我的房间说："睿睿你去帮妈妈买六根黄瓜，和两个西红柿，给你15元钱。"于是我拿着15元钱来到商店，我挑了两个又大又红的西红柿和六根翠绿翠绿的黄瓜。当我结完账正要往家走时，突然发现他少找给我一元钱。于是，我又算了一遍，一个西红柿一元九角买两个，一根黄瓜一元三角买六根，用一元九角加一元九角等于三元八角是西红柿的钱，再用一元三角乘以六等于七元八角是黄瓜的钱，最后用三元八角加七元八角等于十一元六角。但是收银员叔叔只给了两元四角，所以我管叔叔要回了那一元钱。通过这件事情我明白了，不管干什么事情都要认真思考。

生活中真是处处都有数学呀！

【点评】生活中的方方面面都离不开数学。在平时的买卖中更能体现数学的存在。你善于用所学小数加减法的知识解决生活中的问题，这就叫把数学运用于生活。

指导教师：王静

植树问题

四年级（4）班　李安淇

前几周，老师教给我们四年级的应用题：植树问题。

植树问题对我来说其实非常的简单，但是我总爱与小马虎做朋友。一开始我经常错题，但是经过老师细致的讲解、我的专心听讲和同学们的热心指点，我现在已经掌握了解决植树问题的规律，几乎没有错题了。

给大家举个例子：

环卫工人在兴旺路两旁种树。每棵树之间的距离是 5 米，一共种了 40 棵树。求兴旺路总长是多少米？

我之前的解题方法是：40×5=200（米）

答：兴旺路总长是 200 米。

40 并不是间隔数，而是棵数，棵数×间隔长怎么能得到米数呢？

其实是这样的：40 棵树有 39 个间隔

$$40-1=39（段），$$

$$39×5=195（米）$$

答：兴旺路总长是 195 米。

图是这样画的：

40 棵

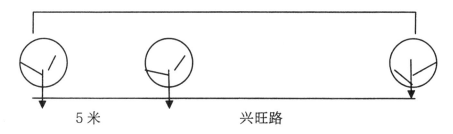

5 米　　　　　　　兴旺路

我现在发现，做数学题时只要掌握了解题方法，找到了规律，所有的问题都会变得简单。

【点评】通过这件事情我们发现，再简单的知识不细心，粗心大意也是没有结果的。而之所以粗心也应该是与没有把知识理解透彻有着密切的关系。

指导教师：王静

仔细审题很重要

四年级（4）班　李卓菲

昨天，我在做一张试卷时遇到这样一道题，"有一个圆形花坛，每隔 3 米放'两把'供游人休息的椅子，一共要放多少把椅子？"（加引号的字是我没看到的。）

今天，在数学课上，老师发完试卷后，并没有给我们讲错题，而是让我们重新分析题，要求必须"画批"、"画图"、"列式"。我按照老师的要求进行了认真的读题、画批、画图、最后列出算式，没用老师讲就把题改对了。

当时我心里责怪自己：我昨天也太马虎了！

通过这件事，我暗暗告诉自己：以后一定要仔细，再也不能犯这样的错误了。

【点评】此事例并非是马虎的问题，而是学习习惯的问题。要知道，没有一个好的学习习惯，就找不到学习方法，效率自然不会有所提高。

指导教师：王静

 一年级

 二年级

 三年级

四年级

 五年级

六年级

游戏中的数学

五年级（1）班　向雨彤

一天晚上，我与爸爸一起玩摸扑克牌游戏。我们拿了红桃 A 到 K 十几张扑克牌，摸到单数爸爸胜，摸到双数我胜利。游戏开始了，我们各有胜负，比赛激烈地进行着。

玩着玩着，我就发现：老爸赢的次数比我多呀！这是怎么回事呢？我转念一想，1 到 13 这些数当中，双数有 2、4、6、8、10、12 六个，而单数有 1、3、5、7、9、11、13 七个，原来是这个原因呀。我赶紧对爸爸说："我的老爸呀，游戏规则不公平，单数有 1、3、5、7、9、11、13，而双数才有 2、4、6、8、10、12，这样不公平，不公平！"爸爸笑嘻嘻地说："被你发现了呀，那你制定一个公平的规则呗！"我想了想说："摸到 7 以上的数爸爸赢，摸到 7 以下的数我赢，7 不算。"爸爸点点头说："就按你的规则来。"

我和爸爸又开始玩了起来，经过几轮的游戏，最后还是我胜利了。制定一个合理的规则是游戏的前提，规则是否平等、公正是游戏的关键。哈哈，游戏中也用到了我们数学中"可能性"的知识了！

【点评】你能在游戏中边玩边思考，感受到游戏的公平性与结果发生的可能性，并认识到游戏规则公平性的重要，能设计出公平的游戏规则，真的是学以致用呢。

指导教师：李秋冬

24 点游戏

五年级（1）班　雪清

　　星期天，我和好朋友丽丽一起玩 24 点游戏。游戏规则很简单：每人分别抽四张牌，然后用"+、−、×、÷"这几种运算符号进行计算，最后结果得 24，就获胜了。

　　游戏开始了，我们各抽了四张牌。唉！我的牌怎么这么糟呀！你看，四张牌都是 A。这时，只听丽丽说："我可以了，你看，5+5＝10，10×2＝20，20+4＝24。"第一轮，我输了。但我并没有灰心丧气，因为后面还有机会，我一定要把握机会，好好赢一把。接下来，我抽了四张牌"6、5、8、3"。我激动地马上脱口而出："6−5＝1，8×3＝24，24÷1＝24。现在是 1 比 1 平了！"丽丽说："这有什么啊，我一定会在下一回合胜过你的，哼！等着瞧吧！"第三回合到了，我又抽了四张牌"10、9、6、10"。我一看傻眼了，还没等我算完，只听丽丽大声地喊道："6×4＝24，24+1−1＝24。2 比 1 我赢了！"看着她那得意的样子，我真无计可施。

　　虽然这次游戏输了，但是我觉得 24 点真有趣，同时也感到数学真的很奇妙！我今后一定要努力学习数学，灵活运用加减乘除混合运算，在下一次的 24 点游戏中，一定要用得得心应手，当个高手。

　　【点评】读了你的日记，老师仿佛也置身于紧张的游戏之中，享受着游戏的快乐，数学中的奇妙与乐趣。其实 24 点游戏中还存在很多规律和窍门，希望你继续深入探究。

指导教师：李秋冬

数学学习之旅

五年级（1）班　刘俊

很高兴和你一起步入数学学习之旅！

在数学之旅中，你会遇到很多数学问题和能够运用数学知识解决的实际问题。开动脑筋，认真思考，你就会成功地解决这些问题，我相信你一定会在这个过程中感受到快乐的！

学习新知识中会有"小蘑菇"陪伴你！它会把新的数学知识和思想、方法带给你。下一位朋友是"试一试"，它会让你更上一层楼！还有一位朋友是"练一练"，它会让你学到丰富的知识并加深对自己所学知识的理解。

通过"整理与复习"你可以巩固和梳理所学的知识，更重要的是，希望能自己再提出一些问题，并和同学们一起交流。这部分的习题能帮助你运用所学过的知识解决问题，并且提高了你的综合解决问题的能力。

老师说过，数学学习是要靠脑子才会成功的，我们一起加油努力吧！

【点评】你是一个善于积累和总结的孩子。读了你的介绍，我相信每一个人都会更加了解数学书中多个栏目的内容和作用。只要你能坚持不懈地去钻研，一定会有更大的收获，让我们一起加油吧！

指导教师：李秋冬

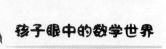
生活中的"最小公倍数"

五年级（1）班　陈如一

　　在前几周，我们学习了求最小公倍数的方法。我一直认为学习这个知识枯乏无味，总与"求 11 和 12 的最小公倍数"类似的题打交道，觉得学习这些知识在生活中没有什么用处，然而，有一件事，改变了我的看法。

　　那是上周六的事，我和爸爸一起乘公交车去少年宫，就在车要出发时，另一路车与我们一起出发。爸爸笑着对我说："如一，爸爸考你一个问题，好不好？""好！"我胸有成竹地回答道。"请听题，甲路车每 3 分钟发一次车，乙路车每 5 分钟发一次车，这两路车在多长时间后又能同时发车？""爸爸是在同一个地点出发吗？""哎呀！你看看我，把这么重要的条件都忘了，还是如一想得全。"我和爸爸都哈哈大笑起来。"如果是在同一地点出发，你有什么办法？"我脱口而出："再过 15 分钟两路车同时发车，因为 3、5 互质，一乘，求出最小公倍数就可以了。"爸爸听后说："回答正确！""耶！"

　　通过这件事，我明白了一个道理：数学知识在现实生活中真是无处不在啊！

【点评】你在课堂中学到了知识、在生活中灵活地运用了知识，确实，数学并不是枯燥无味的，只要你爱动脑筋就会发现数学真的很有趣、有用。

指导教师：李秋冬

蜂巢与数学的关系

五年级（1）班　高紫文

今天吃午饭的时候，表弟正在看《熊出没》，熊二拿着蜂巢追着光头强。我突然心血来潮，转过头问妈妈："妈，蜂巢和数学有关系吗？""有啊。""有什么关系呀？"我兴奋地问。"那你自己去找吧！""哦……"我泄气地说，"知道了……"

我拿了一张纸，在上面画了一个蜂巢后，绞尽脑汁也想不出来，就到网上查了一下。原来蜂房由无数个大大小小相同的房孔包围，房孔都是正六边形的，每个房孔都被其他的房孔包围着，两个房孔之间只隔着一堵蜡质的墙。房孔的底既不是平的，也不是圆的，而是尖的。这个底是由三个完全相同的菱形组成。有人测量过菱形的角度，世界上所有蜜蜂的窝都是按照这个统一的角度和模式建造的。这一发现不仅仅引起了许多科学家的兴趣，还给航天器设计师们很大的启示呢！

我查完后，心里想：原来生活中有这么多知识都与数学有关呀！我以后一定要好好学习，探索生活中更多与数学有关的知识。

【点评】你真是生活的有心人，随时随地可以发现数学问题，还能借助网络获取信息进行学习。老师真为你高兴，加油，继续在数学王国中探索吧！

指导教师：李秋冬

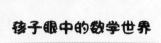

我的数学老师

五年级（1）班　林宇星

作为一名五年级的学生，教过我的老师有很多，而我最喜欢的老师就是教我们数学的李老师。

李老师大约有四十岁左右。她总是爱穿深颜色的衣服，戴着一副红框眼镜。她留着清爽的短发，眼睛就像利剑一般，每次她一进教室，大家瞬间就都安静下来了，一声都不敢出……

李老师有独特的教学方法，她总能将生活中的问题带入课堂上进行生动的讲解。有一次学习分数的基本性质，一上课，老师就给我们出了一道题：有一个蛋糕，四分之一分给小明，八分之二分给小红，十六分之四分给小丽，你们觉得公平吗？教室里立刻热闹起来，同学们各抒己见，新课就这样开始了，李老师的数学课我们从不觉得枯燥。她也不会布置太多作业。同学们在改错题的时候，她会耐心地给我们讲解，直到学会为止，这也是大家喜欢她的原因之一。

李老师是一位严肃、认真、让我们敬佩的老师！我爱我的数学老师，我为有一位这样的好老师感到无比的自豪！

【点评】孩子，谢谢你喜欢我的数学课，你的字字句句都刻在了老师的心里，使我体会到了作为一名教师的幸福。我会继续努力成为更优秀的老师！

指导教师：李秋冬

购物中的数学

五年级（1）班　刘宇函

今天真是个好天气！我和妈妈到小区对面的嘉盛广场买东西。来到嘉盛广场的信和超市，妈妈要买一瓶洗洁精。于是，我们就走到了洗洁精专区。这时，妈妈对我说："我现在要买一瓶柑橘味的洗洁精，这里有不同的包装，考考你，哪种最实惠，我就买最实惠的那种。"我心想：这有什么难的，我看一眼就知道了。我一眼扫过去，排除了很多瓶，只剩下两瓶。

我仔细端详后思索了一下，发现虽然两瓶洗洁精的大小都差不多，可是包装纸上写着的重量是不一样的：一个写着 1.5 千克，另一个写着 1.3 千克，而它们的价格都是 12 元，当然是 1.5 千克的那瓶便宜一点啦。我举着这瓶对妈妈说："这瓶最便宜，就买这瓶吧。"这时，妈妈拿着另一瓶洗洁精笑嘻嘻地对我说："这瓶也 1.5 千克，11.9 元，这瓶最便宜。"我仔细一看，原来那是超级特价装，哎呀！大意了。

生活中到处都需要数学知识，一不小心就会出现错误，购物中也有不少学问，我们一定要学好数学。

【点评】你能应用所学的数学知识，解决生活中常见的问题，做到了"价钱相同比质量，质量相同比价钱"，真切地感受到了生活中处处有数学，数学与生活同在。

指导教师：李秋冬

巧　算

五年级（1）班　吕昕琪

　　数学总是那么奇妙，那么神奇，它就像我的好朋友，让我在学习中得到了许多快乐。

　　一天晚上，妈妈和我比赛做口算，做完以后，一算时间，我用了11分钟，妈妈却只用了9分钟。我好奇地问妈妈："您是怎么算这么快的？"妈妈说："我运用了乘、除法简便运算。"妈妈教我方法以后，我才恍然大悟，原来一些计算题就像戏曲的变脸一样，它总是以平常的面孔出现，里面却暗藏玄机。就拿"450÷25"这题来说吧！可以先用 $450 \times 4 = 1800$，再用 $25 \times 4 = 100$，最后用 $1800 \div 100 = 18$。在除法里，被除数和除数同时扩大或缩小相同的倍数，商不变，利用这一性质，可以使许多这类题计算起来更简便。我试着又做了几道题，真是又快又对，心里说不出的高兴！

　　只要你理解数学的规律，掌握它的脾气，做起题来一定得心应手。

　　【点评】你的日记里不仅有知识的积累，还有做题成功的法宝，灵活运用运算规律，可以提高你的运算能力。勤学好问，坚持下去，成功会永远陪伴你。

指导教师：李秋冬

"加油"中的数学问题

五年级（1）班　马琳

在国庆节放假的时候，我和爸爸、妈妈一起回了趟老家。到了曲阳高速服务区的时候，我们休息了一会儿，也顺便给车加了一下油。

我们加完油，又开车上路了。突然爸爸问我："看你平时数学学得不错，那我就考考你吧！刚才加油，加1升油7.52元，咱们共加了50升油，是多少元？"我想了想说："应该用7.52×50=376（元），加油一共花了376元，对不对？""对，不错，别得意，我再考考你，如果10升油可以跑100千米，咱们加了50升油，油箱原来还剩20升油，从石家庄到唐山老家有400千米，够不够？如果再从老家返回石家庄呢？够吗？"爸爸说。"呵！有两个问题，不过难不倒我，应该用50+20=70（升），再用70÷10×100=700（千米），700>400，第一问：够了。第二问，用700-400=300（千米），300<400，返回石家庄就不够了，对不对？""完全正确，你数学学得非常好！"我想：还好数学学得不错，否则就答不上来了。

其实，数学中还有更多的问题和奥秘，只要我们一起努力去探索、去学习，一定会成功的！

【点评】你能应用所学的知识解决问题，并能感悟到数学就在我们身边。一个简单的"加油"问题，就蕴含了这么多数学知识，继续探索数学的奥秘吧！

指导教师：李秋冬

有趣的数学题

五年级（1）班　季恒申

　　老师经常这样说："生活中处处有数学，只要你认真观察就会发现。"所以，今天我走出家门，来寻找生活中的数学。

　　不知不觉间，我来到了一个书店。我想这书店里应该有数学知识，于是我走进了书店，刚一进门就看到了一本关于数学的书，我赶快拿起这本书，开始津津有味地读了起来。其中一个有趣的数学问题吸引了我：如果三个人吃三个汉堡，用了三分钟，那九个人吃九个汉堡，一共用了多少分钟？我心想：那还用问，当然九分钟了，结果一看答案，竟然是三分钟。怎么回事？我想了想，恍然大悟：三个人吃三个汉堡，用三分钟，也就是一个人吃一个汉堡用三分钟，九个人吃九个汉堡，不也是每个人吃一个吗，当然是三分钟啦，瞧我这糊涂劲儿。

　　你看，其实生活中的数学也是很多的，处处可以体现。只要认真观察，哪怕是一件小事也蕴含着不少知识呢，所以，好好学数学吧！

　　【点评】你像个小记者一样，发现了一类有趣的数学题，并在不停地探寻着数学的宝藏，不断地发现着数学的奥秘。加油孩子，老师期盼着你有更多的发现。

巧分蛋糕

五年级（1）班　王玥

生活中处处有数学，数学在我们的生活中有着很重要的地位，因为它可以帮我们解决一些生活中的问题。在我妈妈过生日的时候就用到了分数这部分知识。

"咱家有三口人，每人都要吃这块蛋糕的三分之一，你来切蛋糕吧，一定要分均呀？"妈妈对我说，"没问题。"我拿起刀子，准备切蛋糕。一个蛋糕平均分成三份，有点不太好分呀，怎么办？我脑筋一转，有了主意：我先把它平均分成四份，每人一份后，还剩一份，再把剩下的平均分成三份就好分了，对，就这么办。妈妈看着我熟练地分着蛋糕，连声夸赞："我闺女的数学学得不错嘛！"我心里别提多美了，幸亏分数的知识学得还可以，要不就在妈妈面前丢脸了。

你看，数学对我们太重要了，我一定要努力把数学学好。

【点评】你能抓住"分蛋糕"这样一件小事来写学习数学的重要性，可见生活中处处有数学。你还能做到活学活用，了不起！加油孩子，相信你一定能学好数学。

指导教师：李秋冬

计算高手

五年级（1）班　何东泽

　　要说生活中的数学，那是数不胜数。就说前些天，我和妈妈去商场买东西。我们买了很多东西。结账时，我们还是按照往常一样，把东西放上去等着工作人员结账，工作人员也很熟练地干着自己的事。当我正装商品时，只听工作人员说："好了，一共 99 元。"妈妈准备拿现金付款，我无意间看到了工作人员的结账计算机：9 件商品，只有一件 9.9 元，其他的都是 9.5、9.6、9.7、9.8 元。咦？好像不对啊……噢！我发现了！

　　我对刚要给钱的妈妈说："妈妈，我们买了九件商品，只有一个 9.9，其他都没有到 9.9 元，是不是计算机算错了啊？"那位工作人员听到了，连忙又算了一遍。这回得到了正确答案：94.5 元。为了保险起见，我又算了一遍，一点不错，就是 94.5 元。再看看那位工作人员，急忙给妈妈道歉，还笑着说："您家孩子挺细心，数学应该不错吧。"妈妈听了笑了起来，然后带着我回家去了。

　　瞧瞧，我是不是计算高手！

【点评】你真是个计算高手，凭借着自己良好的数感和运算能力，及时发现了收费中的问题，避免了错误，真正做到了学以致用呀，了不起！

指导教师：李秋冬

买苹果

五年级（1）班　康靖晨

　　数学与我们的生活密切相关。在生活中，我们常常会用到数学知识。

　　前几天，妈妈带我去超市买水果，看到苹果正在搞促销。有两个品种，一个是红富士，一个是冰糖心。红富士个头小了一点儿，5 块钱 4 个，冰糖心个头很大，6 块钱 5 个。我和妈妈都非常纠结，每个品种都有各自的好处，真不知道应该买哪个好。"晨晨，你想个主意，哪个便宜就买哪种苹果？"妈妈好像是故意在考我，我当然要应战了。我心里盘算着：只要求出 1 个苹果的价格就可以了，先求出红富士的，用 5÷4=1.25（元）；再求冰糖心的，用 6÷5=1.2（元）。算好之后，我告诉妈妈："妈妈，冰糖心便宜，买这个吧。""数学学得不错，好，就买它。"妈妈说。我和妈妈买完苹果就高高兴兴回家了。

　　看，学好数学的作用很大吧，我就用数学的知识解决了这个非常纠结的问题。

【点评】你用小数除法的知识解决了买苹果的问题，做到了在生活中学数学、用数学。通过你和妈妈的这次购物，让我们看到学习数学是一件多么有用的事呀！

指导教师：李秋冬

有趣的数学计算方法

五年级（1）班 李 函

今天，妈妈给我出了一道这样的题目：1+2+3……+9+10。我一看，这不是很简单吗？我用凑十的方法来计算：1+9、2+8、3+7……接着，妈妈又给我出了这样的一道题：1+2+3+4……+99+100=？我照样用凑百的方法来计算，很快就算出了得数。我觉得这些题都不够难，于是，就给自己出了一道题：1+2+3……+999+1000=？但是我总不能一个一个慢慢凑千加吧，我得想个好办法。正当我冥思苦想的时候，妈妈教了我一个好办法，就是用高斯求和的办法算，我问妈妈"高斯求和"是什么意思？妈妈告诉我就是等差数相加时的简便算法。例如：

$$1+2+3+4+5$$
$$=（1+5）×5÷2$$
$$=6×5÷2$$
$$=30÷2$$
$$=15$$

我一看，明白了，于是又算了另外两个题。

$$1+2+3+4……+99+100$$
$$=（1+100）×100÷2$$
$$=101×100÷2$$
$$=10100÷2$$
$$=5050$$

$$1+2+3……+999+1000$$
$$=（1+1000）×1000÷2$$
$$=1001×1000÷2$$
$$=1001000÷2$$
$$=500500$$

"啊！这个数真大呀！"我惊讶地说。这种方法真是既神奇又有用呀！

【点评】等差数列求和的知识对于小学生来说有一定的挑战性，由此可见你是一个非常善于举一反三的好孩子。数学中的奇妙和乐趣，需要你这样的有心人坚持不懈地去探究，继续加油吧。

指导教师：李秋冬

我眼中的数学

五年级（1）班　王卓澜

我眼中的数学是一个充满宝藏的人间圣地，随时都有可能有宝藏出现在我的眼前。比如：解方程、分数、完美数、莫比乌斯圈……

其中解方程最有意思了。因为我觉得那个未知数 x 就像一个小偷，等待我们去抓住它，解方程给我一种身在犯罪现场的感觉。

分数也挺有意思的，分数和小数的互化、约分、通分的过程很有意思，分数在生活中也有很大的用处，比如，一块西瓜的体积大约是一立方分米，平均分给三个人不能用有限小数来表示它的结果，用分数表示就很容易了。

完美数也是一块宝藏。完美数就是一个除它自己以外的所有因数之和还等于它自己的数。如 6 就是个完美数，因为 6 的因数有 1、2、3、6，除 6 以外的三个数相加还等于 6，这个规律是不是很有趣呢？它吸引着人们不断挖掘完美数，至今人类只发现了 26 个这样的完美数。随着人们不断探索这块宝藏，相信一定会发现更多的完美数。

我喜爱数学，我一定要努力成为不断探索这块宝藏的探险家。

【点评】一个个的知识点在你的笔下仿佛都有了生命力，老师真的感受到了你不轻言放弃的探索精神。加油，相信未来的你会是一个充满自信的开拓者。

指导教师：李秋冬

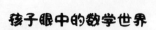

买哪种灯泡更划算

五年级（1）班　康思哲

今天，妈妈带我去超市买灯泡。到了超市，我发现超市里有两种灯泡：一种是节能灯泡，一种是普通灯泡。节能灯泡开 200 小时只需要一度电，比普通灯泡多用 170 个小时，但是节能灯泡一个要 5 元。普通灯泡一个只 1 元，比节能灯便宜 4 元，但是它 30 个小时就要一度电。

妈妈问我："考考你，如果我要买一个灯泡回家，买哪一个最划算？"我思索了一会，不慌不忙地说："可以先这样算 200÷5=40（小时），然后再用 30÷1=30（小时），也就是 1 元钱节能灯泡能用 40 小时，普通灯泡能用 30 小时，可见买节能灯泡更划算。"妈妈说："很好，走，我们去交钱吧！"我和妈妈买了最划算的节能灯泡回去了。

经过这件事，我明白了"生活处处有数学"这个道理。

【点评】你是一个能够灵活运用所学知识解决问题的孩子。买"灯泡"这件事让你对生活中处处有数学有了更深的感受，用心去观察，用心去体会，你会发现数学真的与生活同在。

指导教师：李秋冬

我是食盐监督员

五年级（1）班　曹淳皓

　　有一天，我看电视时，新闻上说："世界卫生组织建议每人每天食盐的健康摄入量不能超过 6 克"。突然，我想知道我们家每人每天的食盐摄入量是多少呢？

　　于是我就跑去问老妈："老妈，我们家平常一袋盐能吃多久？""你要干吗？""哎呀，您快点说嘛！""咱家一袋盐一个月就吃完了。"（这里一个月指 30 天，一袋盐 1000 克。）然后，我顺手拿起一张纸，列出算式：$1000 \div 30 \approx 33$（克），$33 \div 3 = 11$（克），11 克 > 6 克，$11-6=5$（克）。然后，我惊叫一声，说："咱们家每人每天吃的盐都快是正常标准的 2 倍了，咱们家以后要减少食盐量。"妈妈说："是吗！看来妈妈以后炒菜要少放些盐了，你来监督妈妈，好吗？"我说："好，我以后就当咱们家的食盐监督员。"

　　过了两个月，我们家的食盐用量减少了，变成一个半月吃一袋盐了（一个半月指 45 天）。我又在一张纸上列出算式：$1000 \div 45 \approx 22$（克），$22 \div 3 \approx 7$（克）。我说："老妈，咱们家食盐量虽然比以前少了，但仍然超标，还需继续努力。"

　　我们家的"食盐大作战"仍未成功，但我相信，经过我们全家的共同努力，我们最终会取得胜利，享有更健康的身体。

　　【点评】看了你的日记，老师仿佛也来到了你家食盐大作战的现场，真正感受到数学与生活的零距离。这里既有生活情趣，又有健康意识，看来数学可以为我们的生活提供保障支持。

指导教师：李秋冬

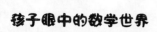

孪生素数猜想

五年级（1）班　黄文杰

　　今天，我在看课外书时发现了一个十分有趣的词语——孪生素数猜想。我十分好奇：什么是孪生素数猜想？于是，我带着疑问来到了网上。

　　我在网上找到了答案。原来，孪生素数猜想是数论中的著名未解决的问题，这个猜想正是由希尔伯特在 1900 年国际数学大会的报告上第 8 个问题中提出，可以被描述为"存在无数个孪生素数"。孪生素数即相差 2 的一对素数，例如：3 和 5，5 和 7，11 和 13……10016957 和 10016959 等等都是孪生素数。素数定理说明了素数在趋于无穷大时变得稀少的趋势。而孪生素数与素数一样，也有相同的趋势，并且这种趋势比素数更为明显。因此，孪生素数猜想是反直觉的。由于孪生素数猜想的高知名度以及它与哥德巴赫猜想的联系，所以不断有学术共同体外的数学爱好者试图证明它。有些人声称已经证明了孪生素数猜想。然而，尚未出现能够通过专业数学工作者审视的证明。

　　原来，这就是孪生素数猜想呀！看来今天果然是大有收获。因为我又了解了一个新知识——孪生素数猜想，同时我也要努力学习，争取长大以后去证明孪生素数猜想。

【点评】数学的世界是奇特而神秘的，你的日记把老师也带进了孪生素数猜想的王国，勤学好问的孩子，带上你的思考，继续探索数学的奥秘吧！

指导教师：李秋冬

吃汉堡的启思

五年级（1）班　杨淋淇

　　生活中处处有数学，在生活中，许多普普通通、毫不起眼的小事都可以变成一道道既有趣又引人深思的数学题。

　　我特别喜欢吃汉堡。这不，我就发现了一道有趣的吃汉堡的数学题：3个人吃了3个汉堡，用了3分钟吃完，9个人吃9个汉堡需要几分钟吃完呢？平时，妈妈经常带我和弟弟去吃汉堡，我只知道吃，从来没有想到还可以变成数学题来做，碰到这题觉得真有趣。刚开始时，我想：三个人吃三个汉堡要用三分钟，那一个人吃一个汉堡不就是一分钟，九个人吃九个汉堡当然是九分钟。这样想着，我兴奋极了，赶紧把答案告诉妈妈，可妈妈皱着眉头说："孩子，要好好想想，想想我们和弟弟三人吃汉堡的情形，多动动脑筋！"我听了愣住了，刚才的得意劲一下子没了，静下心左思右想，突然想到：三个人吃了三个汉堡用了三分钟，一个人吃了一个汉堡其实也是用了三分钟，那九个人吃了九个汉堡也只要三分钟。我没有马上把答案告诉妈妈，又反反复复地想了几遍，觉得应该没问题后才把答案告诉妈妈。妈妈点点头笑了，夸我是爱动脑筋的孩子。她又说："数学就来源于生活，只要你细心观察，就一定会有收获，就像吃汉堡一样。"

　　瞧，生活中的一件小事也能变成一道有趣的数学题，数学真是无处不在啊！让我们热爱数学，学好数学吧！

　　【点评】生活处处有数学，数学处处连生活，只要你用心观察、善于思考，你就会有更多的发现。吃汉堡的数学趣题还告诉我们，有些问题不能用常规的思维去解答。

指导教师：李秋冬

数学与我们的生活

五年级（1）班　朱佳宁

在平时，我们学习数学好像更多关注的是课本上的知识，而且都是为了取得好成绩而学习。虽然这很重要，但其实学习数学的真正目的和乐趣是在我们的生活中。那么，都会有哪些呢？

每个人长这么大，一定做过很多事情。你一定去买过菜吧，你也一定去买过电影票吧……往往我们身边一些不经意的举动，都包含了数学的智慧，有加法、减法、乘法和除法。我们如果弄错了这些，就会出现经济损失或让别人嘲笑等情况。所以，我一定要好好学习数学，把数学学好。

早上起床，当我睁开朦胧的双眼，第一眼就会向闹钟看去。闹钟上的时间就是我们生活中的数学。因为我们一天的时间是时针转 24 圈、分针转 1440 圈、秒针转 86400 圈。那么 24 小时×30 天=一个月，一个月×12 个月=一年，这就是我们生活中有关时间的数学知识。

其实，数学就藏在我们的身边，它无处不在，只要我们用一双灵巧的手和一对充满智慧的眼睛，就能及时发现它！

【点评】你的日记让我们发现，数学真的就在我们日常的生活中，生活中的美妙，需要你去发现，数学的奇妙，需要你去探索，继续加油吧！

指导教师：李秋冬

"0"的奥秘

五年级（2）班　丁天淇

　　"0"在数学中起着举足轻重的作用。单独来看，0 可以表示没有；0 还是正数和负数的分界线；在记数中，0 表示空位；在非 0 整数后面添一个 0，恰为原数的 10 倍……0 这个普通的自然数，真的很神奇。在生活中，我们也离不开这个数字，不信，我们就一起来看看！

　　在四年级的数学课上，我们知道了：0 度是水的固态和液态的区分点。"0"度以下水会结成冰，"0"度以上冰会融化成水。

　　在生活中也会出现许多"0"。比如说宾馆里、某些办公大楼里，会看见每一个房间的门上都有一个牌子，刻着这个房间的序号。如"605"房间，中间的"0"是因为房间号没有够两位；又比如我们去商场买东西，某件商品标价为 805 元，把中间那个"0"给去掉，那商场可就赔大了。所以说在很多很多情况下，如果没有"0"的话，那是不行的。

　　0 是不是很神奇呢，让我们继续探索吧！

　　【点评】数字 0 把你引入了自然数的王国，你发现了 0 的很多奥秘，其实 0 还有很多用途等你去发现，带上你的善于思考继续在数学王国里探索吧！

指导教师：李秋冬

游泳考试

五年级（2）班　龚启航

放学后，我们来到校长大厦上游泳课，今天是本学期最后一次游泳课，而且听同学们说要考试，真是好紧张呀！

我用最快的速度，换上泳装来到了喧闹的游泳馆内。一看学校张老师也来了，游泳教练拿着一支笔和一个本就知道要考试。我上前问教练："教练，今天考什么啊？"教练说："今天考蛙泳和自由泳。"哇，我长出了一口气，真是不幸中的万幸啊，这两项运动都是我的强项。接下来，同学们两个人一组进行考试。我和郑赫分到一组，当听到老师喊"预备，开始"的时候，我就像离弦的箭一样冲了出去。我紧张地向前冲刺着，到了四分之三位置的时候，回头一看，看见郑赫刚游到了四分之二的位置，这让我大大地松了一口气，不由得慢了下来。刚想放松一下，突然我发现郑赫也冲了上来，到了四分之三的位置，我连忙向前游去，拼命地冲向终点。教练说我 50 米蛙泳的成绩是 55 秒，比郑赫快了 5 秒。哇！真的是好惊险！差一点就输掉了，我的平均速度是每秒 0.9 米，郑赫的平均速度是每秒 0.83 米，我们之间每秒相差 0.07 米。

生活中的数学真是奇妙啊！数学是我们形影不离的好朋友，我们要努力学习，学好数学，把它运用到实际生活中去！

【点评】运动员在赛场上拼搏，胜负往往在毫厘之间，在这里小数起了关键的作用。看似微不足道，却可能成为成败的关键，学习上亦如此，加油吧。

指导教师：李秋冬

估算让我的生活变得更简单

五年级（2）班　郭倩妘

　　这周末，我陪妈妈去商场，恰巧碰上了一套衣服，令我很着迷。售货员阿姨把衣服拿过来递给妈妈，妈妈迟疑了一下，我猜她一定是在算价钱：上衣 85.4 元，短裤 49.5 元。一共多少钱呢？这时，我也算一算。我把 85.4 估成 86，再把 49.5 估成 50，然后相加 86+50=136（元），就这样，最多花 136 元。当心里的小算盘敲定后，我胸有成竹地说："妈妈，您最多给我 136 元就可以买这套衣服了。"她疑惑地看着我说："怎么算得这么快，还有零有整的？"我微微一笑："您猜！别小看我。我可是五年级学生了，这点小问题还能难倒我？"我把估算方法讲给妈妈，她反问我："那你为什么不把数往小估呢？"我急切地答道："当然不能往小估了，往小估得到的数要比实际的价格少，我想告诉您最多花的钱数，只能往大估呀。"妈妈看我说得有理有据，啧啧赞叹我的估算能力，很大地鼓舞了我的士气。我很顺利地买到了这套衣服，好像我的战利品。

　　晚上，我又想起了白天发生的故事。生活中真的是处处有数学，处处有估算。我今天用数学知识解决了买东西最多花多少钱的问题，还可以解决很多类似的问题。比如，开车外出过桥时会有限高，我们会往大估一估车的高度，谁也不会下车量。

　　其实，在我心里，我有一种特别强烈的感觉：估算比计算用的更多。遇到数比较大时，谁会费劲地口算，量数据，一个个数呢？大家都会估一估，我喜欢估算，因为它让生活变得更简单。简单一算，就能让我心里有底，我喜欢这种做事有参考的方式，这或许是我喜欢估算的最大原因了。

【点评】从你的日记中，老师看到了你成长的足迹，你不但能用估算解决问题，还会选择最优方案解决问题。你的勤于思考一定会促进你的数学学习的，加油！

指导教师：李秋冬

数学王冠上的明珠——哥德巴赫猜想

五年级（2）班　贾乙丁

今天的数学课上我们学习了"质数和合数"的知识，在"知识窗"这个板块，老师给我们介绍了数学王冠上的明珠——哥德巴赫猜想。

1742 年 6 月 7 日，德国数学家哥德巴赫在写给著名数学家欧拉的一封信中，提出了一个大胆的猜想：是否任何一个不小于 6 的偶数都可以表示为两个奇素数的和？这就是数学史上著名的"哥德巴赫猜想"。证明哥德巴赫猜想的难度，远远超出了人们的想象。$6 = 3 + 3$、$8 = 3 + 5$、$10 = 5 + 5$……$100 = 3 + 97 = 11 + 89 = 17 + 83$……从这些具体的例子，可以看出哥德巴赫猜想都是成立的。有人甚至逐一验证了 3300 万以内的所有偶数，竟然没有一个不符合哥德巴赫猜想的。可是自然数是无限的，谁知道会不会在某一个足够大的偶数上，突然出现哥德巴赫猜想的反例呢？目前研究成果最好的是我国著名数学家陈景润攻克了"1 + 2"，这个定理被世界数学界称为"陈氏定理"。

这节课，我高兴极了，因为我又获得了一个有趣的知识。我也很佩服陈景润，佩服他的耐力、丰富的数学知识和对数学的热爱。由于陈景润的贡献，人类距离哥德巴赫猜想的最后结果"1 + 1"仅有一步之遥了。同学们快来解开这个谜吧！

【点评】你的知识宝库又增添了新的内容——哥德巴赫猜想，同时你还受到了数学家陈景润的感染。你探索了，你收获了，所以你是快乐的，老师分享到了你的快乐。

指导教师：李秋冬

买酸奶

五年级（2）班　李思阮

数学在我们的生活中无处不在，它就像是我们的兄弟一样，时刻为我们解决不懂的问题。

有一天，我去超市买酸奶。柜台里酸奶的种类真多呀，看得我眼花缭乱。最终我选中了三种，第一种是四袋 12 元，第二种是六袋 15.6 元，第三种是八袋 16.8 元，买哪种更合算呢？

为了计算出哪种奶更便宜，我运用了在数学课堂上所学的除法知识。最后计算出第一种酸奶的单价是 3 元，第二种酸奶的单价是 2.6 元，比第一种酸奶便宜。第三种酸奶的单价是 2.1 元，又比第二种酸奶更便宜。于是我买了第三种酸奶回家。

数学可以帮助我们解决生活中买酸奶的问题，其实还有很多其他用处。只要用心发现，你就会找到它，用到它！

【点评】在买酸奶的过程中，你用到了小数除法和数量关系的知识，用课本上学到的知识解决了生活中的问题，继续努力，去探索更多生活中存在的数学问题。

指导教师：李秋冬

学以致用

五年级（2）班　刘奇原

　　在我身边每天都会发生很多有关数学的小故事。今年"6.18"京东大促销，妈妈想买一款相册。原价30元一本，现在促销，一个网店是买2赠1，另一个网店打五折。妈妈问我买哪家的更合算？经过计算，第一个网店实际价格20元每本，第二个网店实际价格为半价15元每本。妈妈采纳了我的建议，买了第二家的相册。

　　还有一次，放学后回到家我很渴，找到了一盒奶，上面标注250ML。我们可是刚刚学习了体积计算公式，我一下就来了兴致，我要自己检验一下。说干就干，拿起尺子，量得奶盒长5.5厘米，宽是3.5厘米，高是12厘米。通过计算我算出这盒奶的体积是231立方厘米，它的容积一定小于 231ML。这令我很惊讶，这盒奶标注上居然有虚假。我一定要告诉妈妈再也不买这种奶了。

　　生活中的数学问题真的很有趣，我要慢慢去发现。

　　【点评】你能从日常生活中的小事发现数学问题，真是个细心的孩子！你善于观察、勤于思考、敢于运用，这会让你发现更多数学的奥秘，加油！

指导教师：李秋冬

数学教会我节约

五年级（2）班　鲁郭奕佳

在数学课本中有这样一条信息：我国大约有十三亿人口，如果我们每人节约一角钱，那全国就节约了 1300 万元左右；如果我们每人节约一张纸，全国就节约了大约 13 亿张纸。这 1300 万元可以供 1805 位因没钱上学的小朋友上学。那些纸张，在订装成书后，也可供 1805 位同学使用。

看了上面的信息，我想：真是人多力量大。可是，如果每人每天浪费一滴水，那又会是怎样呢？想到这里，我脑子里浮现出一个大胆的实验设计，心动不如行动，想做就要去做。我拿出一个容器，放在水龙头下，把水流开到最小，让它向容器中滴大约一千滴水，用秤称了一下，约 200 克重。我拿出稿纸，动笔一算，1300000000 ÷ 1000 × 200=260000000 克=260 吨。

真是不算不知道，一算吓一跳，如果每个人每月用一吨水，260 吨就可以足足用上 20 年左右！我惊呆了，260 吨水竟可以发挥这么大的作用。所以，我们应该珍惜水资源，不浪费水资源。

【点评】你真是学习的有心人，一则小小的消息就引发了你的思考，探索的过程不但丰富了你的知识，还提高了你的能力，你良好的学习态度和习惯，一定会助你成功。

指导教师：李秋冬

用方程解决实际问题

五年级（2）班　马佳蕊

前几天，我做数学练习题，第二小题是个用方程来解的题。题目为：五（1）班有 60 名学生，其中男生是女生人数的 3 倍，有多少男生？有多少女生？这道题应该做起来十分简单的，但这毕竟是五年级上学期的知识点，我多少有点不熟悉了，还是让妈妈教教我吧。我跑出书房，跟正在看书的妈妈说："妈妈，我有道解方程的题不会。""我看看。"妈妈说。进了书房，我指着书上的习题，说："就是这一道。""嗯……现在的已知条件有什么？""一共有 60 个人，男生是女生的 3 倍。"我回答道。"对，那么现在女生人数我们是不知道的……"接着，妈妈继续帮我分析。后来，我做出来这个题的所有步骤。

解：设女生人数为 X 人。男生人数就是 3X 人。

$$X+3X=60$$
$$4X=60$$
$$X=15$$
$$15×3=45（人）$$

答：有 15 个女生，45 个男生。

看着一步步清楚的列式，我和妈妈相视而笑，心中充满了顿悟后的喜悦。

【点评】用方程解决实际问题是五年级上学期学习的知识，下学期就淡忘了，所以说学习需要温故而知新。只要你坚持不懈地去钻研，成功就在不远处等着你。

指导教师：李秋冬

分数比大小

五年级（2）班　任仁

　　以前的数学课上，我们学习过同分母分数或同分子分数的大小比较。我一直有个疑问：要是分子、分母都不相同的分数该怎么比较大小呢？今天的数学课老师就教给了我们一些方法，帮我解决了这个疑问。

　　比如：喜欢游泳的人占全年级的 5/6，喜欢爬山的人占全年级的 4/5，喜欢篮球运动的人占全年级的 6/7，喜欢哪种运动的人最多？哪种人最少？可以这样比较：

　　方法一：可以把它们的分母通分，分子大的分数它就大，这就是化成同分母分数进行比较的方法。

　　方法二：可以把它们化成分子相同的分数，分母小的分数越大，这就是化成同分子分数比较的方法。

　　方法三：通过观察，发现这三个分数与 1 分别相差 1/6、1/5、1/7，也就是把比较 5/6、4/5 和 6/7 的大小转化为比较 1/6、1/5、1/7 的大小，从而推理出结论。

　　方法四：可以用它们的分子除以它们各自的分母，化成小数来比较，这就是化小数比较的方法。

　　数学真神奇！一种类型题能有多种解题方法，真让人惊叹不已。

【点评】随着你的日记，让我们在分数大小比较的知识宝库中漫游了一程，分享你的发现，分享你的收获，分享你的快乐，数学原来是如此神奇。

指导教师：李秋冬

买薯片

五年级（2）班　张梓涵

　　今天是星期六，我和爸爸妈妈去超市买零食。到了买零食的地方，一共有四种大小的薯片：小包是 40 克 4 元，中包是 70 克 6 元，大包是 150 克 9.9 元，而超值家庭装呢，还有特价活动是 235 克 9.8 元。

　　我问妈妈："我到底买哪种包装合适呢？""今天晚上家里来客人，有其他小朋友和你一起分享，你可以自己算一下再决定。"妈妈说。我心里默默地计算着：如果小包是 40 克 4 元的话，那每 10 克就是 1 元。按此计算中包 70 克，应为 7 元，但实际只要 6 元。两种相比中包优惠一点。而大包是 150 克 9.9 元，超大家庭装是 235 克却只需要 9.8 元。家庭装比大包装多出 85 克，但还便宜 0.1 元。那一定是超大家庭装最划算。当然也可以求每 10 克多少钱，再比较。

　　既然有人分享那就选超大家庭装了。"妈妈，我选好了！"妈妈看着我笑了笑。我把薯片放进购物车里，高高兴兴地回家了。看来，生活中处处都能运用到数学知识，只要细心观察就能发现。

　　【点评】生活中处处有数学，你灵活地运用所学知识解决了生活中的问题，真是活学活用。购物中蕴含着很多学问，用数据进行分析最有说服力。

指导教师：李秋冬

数学真重要

五年级（2）班　赵昂

　　数学在我们的生活中极其重要,学好数学可以使我们的生活变得更加方便，更加有趣。不信，你看。

　　有一次，妈妈心血来潮准备养鱼，所以我家就有了一个"新朋友"——鱼缸，妈妈买了十来条小鱼放到鱼缸里。有了这些小鱼，整个鱼缸看上去还真不错。为了把缸装饰得漂漂亮亮，妈妈又买了一座假山和一些水草，准备放到缸里。缸里原本的水已经快到顶了，妈妈觉得有点悬，就把我拉到鱼缸前说："昂，快看看，这假山放进去会不会溢出水呀？"我一拍胸脯："没问题，我正好学了长方体的体积，来给您算算。"我找出尺子开始测量长宽高，发现这个鱼缸的长是 10 分米，宽是 5 分米，里面的水还差 0.8 分米就满了，我就先用 $0.8 \times 10 \times 5 = 40$（立方分米），得到了剩余空间的大小；我又量了量假山的数据，一算，这个假山大约有 45 立方分米，果真不能放下假山。我赶紧把结果告诉了妈妈，我们一起把鱼缸里的水取出一部分，假山就妥妥地放进去了。

　　你瞧，我没说错吧。数学在我们的生活中的的确确很重要。所以，我们现在一定要好好学习数学。

【点评】生活中处处有数学，你能把书本上的知识灵活运用到生活中，帮助家长解决鱼缸的"隐患"，真正做到了学数学为的是用数学，了不起！

指导教师：李秋冬

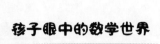
测量墙壁面积

五年级（2）班　田儒翰

　　我的新家在装修，爸爸外出购物之前给我留一个任务，就是算出厕所墙壁的面积（四面），要贴瓷砖用。

　　我便运用到了数学课上学习的长方形的面积公式，那得测量长和宽呀。我按照自己的设想行动起来，先量出一面墙的长和宽，再相乘。这样重复了四次，我求出的结果是 81.6 平方米。我瞧瞧了我的计算稿，又看了看墙，转念一想不对啊！厕所墙面积怎么能有 81.6 平方米呢？于是我便仔细地观看每一步的计算，我马虎地把"1.3"的小数点看丢了。哎！幸好没有把这个结果直接报告给爸爸，不然会弄出更大的笑话。

　　爸爸回来的时候，看到了我"作战"的结果，欣慰地竖起大拇指，脸上洋溢着幸福的微笑。数学在我们生活中经常能用到，课上学的东西要学以致用，发挥出它的价值。

【点评】学数学是为了用数学，能应用所学的数学知识解决问题，并能及时反思数据的合理性，真是个会学习的好孩子。今后在计算时，一定要细心呀！

指导教师：李秋冬

爸爸的问题

五年级（2）班　王炳启

周六上午，门外有脚步声，肯定是我的姥姥从早市买完东西回来了。姥姥一开门，我就迫不及待地打开了姥姥手中的大袋子，"哇，都是我爱吃的，谢谢姥姥。"我说道。"我给你买了苹果和香蕉，洗洗手快吃吧！"姥姥慈祥地说。

吃完以后，爸爸说："炳启，我给你出道数学题，今天姥姥一共花了60元，这些钱的2/6元买了苹果，2/4买了香蕉，1/10买了豆角，1/15买了黄瓜，你知道它们分别花了多少钱吗？"我听后便马上在验算纸上写出了我的方法：用$60÷6=10$（元），$10×2=20$（元），求得了买苹果的钱数；用$60÷4=15$（元），$15×2=30$（元），求得了买香蕉的钱数；用$60÷10=6$（元），$6×1=6$（元），求得了买豆角的钱数；用$60÷15=4$（元），$4×1=4$（元），求得了买黄瓜的钱数。爸爸看后说："这个方法很好，完全正确。"听爸爸这么说，我心里美滋滋的，别提多高兴了。

【点评】在没有学习分数乘法前，你用"份"的知识很快地解决了问题。丰富的数学知识，提高了你解决问题的能力，继续努力去探究生活中的数学问题吧。

指导教师：李秋冬

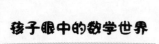

生活中的数学

五年级（2）班　王兆淇

　　数学是非常重要的一门学科，也是很有意思的学科。我们学了数学知识以后，要学以致用，来和我一起看看生活中的小故事吧！

　　有一次，我们开车回奶奶家。在高速路上，爸爸想考考我，说："假如汽车一直保持着每小时 100 千米的速度，那么到奶奶家一共 50 千米，需要几分之几小时呢？"我思考着，一小时行 100 千米，一小时是 60 分钟，100÷50=2，那么 60÷2=30（分）。30 分钟是几分之几小时呢？30/ 60 小时，再约分就是 1/ 2 小时。我把这个结果告诉了爸爸，爸爸说我算得很对。原来数学这么有用，我心里很高兴！

　　在生活中，像这样的例子数不清，可见数学在生活中还是非常重要的啊！我们一定要学好数学。

【点评】生活中处处有数学，你能从日常生活中的一件小事感悟到数学就在身边，真是个生活的有心人，知识伴你成长，智慧伴你开拓，加油！

指导教师：李秋冬

"神奇"的一角钱

五年级（2）班　李可嘉

星期天，爸爸买菜回来，从口袋里掏出找回的零钱放在柜子上，看我在旁边，就对我说："这些零钱就归你吧。"我一看，区区6角钱！"这算什么呀？最多能买到2块糖。"我不以为然地说。爸爸似乎看出了我的心思，说："你可别小看这6角钱。我们来做一个实验，保证你以后不敢小瞧1角钱。""会是什么实验呢？1角钱有那么神奇吗？"我心里很纳闷。爸爸又说了："假如我第一天给你1角钱，以后每天成倍给你，你知道一个月我应该给你多少钱吗？"

"不会很多吧！"我嘀咕着，"这可难不倒我！"我拿起笔算了起来。第一天：1角，第二天：2角，第三天：4角，第四天：8角，第五天：1元6角，第六天：3元2角……我一边打草稿一边计算，第十四天：819元2角，第十五天1638元4角……渐渐地，数越来越大，算到第三十天，你知道这个数有多大吗？53687091.2元，我傻呆呆地看着这个数。

"怎样，算得很累了吧！"爸爸笑眯眯地看着我，"算出来了吗？"我大声读起来："第三十天，五千三百六十八万七千零九十一元二角。哇，原来会有这么多！如果再把这三十天的钱全部加起来，那不更多了吗？"爸爸意味深长地对我说："以后可别小瞧这几角钱了。它会在不经意间变很多很多噢！"我点点头，恍然大悟。这大概就叫积少成多吧！从今天开始，我对1角钱有了新的认识。

【点评】读了这篇日记，让人们对"一角钱""积少成多"有了进一步的认识。数学并不是枯燥无味的，只要你和小作者一样爱动脑筋，就会发现数学很有趣。

指导教师：李秋冬

打折问题

五年级（2）班　杨闫瞳

　　我和爸爸、妈妈去商场买鞋，我从旁边经过看到了一个不懂的问题"所有商品七折出售"，这个问题在我的脑中转了一会儿，终于还是好奇心害死猫，我问妈妈："什么是七折优惠？"

　　妈妈说："比如 100 元打七折就是 70 元。"我似懂非懂地点了点头，但妈妈知道我还是不太懂，便又问："比如妈妈买了 100 元的鞋他们说打六折，妈妈要给他们多少钱？"我想了想说要给 60 元，妈妈又问我："如果妈妈买四件衣服 200 元，打七折是多少钱？"我说："应该给他们 140 元。"妈妈满意地看了看我。终于到我买鞋了，一下子我就看中了一双运动鞋，一看 180 元，打六折。我一下想到是 108 元，最后结算时售货员阿姨都表扬了我！

　　原来生活中的数学也很好玩，我明白了打折问题。

【点评】你能从日常生活中发现数学问题，并理解了打折问题，真是个用心的孩子。只要你用心观察、善于思考，一定会在数学学习上有更大的收获。

指导教师：李秋冬

折纸中的奥秘

五年级（2）班　张博禹

　　就在前几天，我看手机时，突然间看见一条信息：一张纸最多只能对折九次，如果你不信可以来试试。这我肯定是不信的呀！于是，我拿出一张纸折了起来。

　　我折完第一次、第二次的时候，心想：这有什么难的。第三次……到了第七次的时候，我费了九牛二虎之力也没有折过去，可我还不服气，又换了一种方法，结果还是一样，因为我看到那纸已经有三厘米厚了。

　　第二天，我就告诉了我的同学。他也不信，可他最后的结果和我一样。于是，他问了我一个问题："两张对折三次的纸和一张对折六次的纸谁厚？"我也不知道呀！于是，我就折了起来。最后发现是一张对折六次的纸厚，为什么呢？我想着想着终于知道了——因为一张对折六次的纸折到第四次就和两张对折三次的纸一样厚了。

　　数学是神奇的，还有很多问题等着我们去探索呢！

【点评】一个看似简单的小问题就能引发你的思考并付诸实践，你真会学习，在探索中获得知识，在分享中共同进步。孩子，用你的智慧和勤奋继续在数学王国中探索吧！

指导教师：李秋冬

买 菜

五年级（2）班　张梦源

　　我跟着妈妈去菜市场买菜。妈妈说："今天要考考你，你来买菜，我在后面跟着你。不过我只给你 20 元钱，来看看你的表现。""保证完成任务。"我自信地说。

　　我边走边看，来到蔬菜区。这时，我看到一位阿姨，正在卖白白嫩嫩的新鲜蘑菇。我想：家里还有剩下的青菜，可以和蘑菇放在汤里一起吃。我转过头来，问卖菜的阿姨："阿姨，蘑菇多少钱一斤？"那位阿姨笑眯眯地对我说："小朋友，这蘑菇 7 元一斤，你想买几斤呀？""我只要半斤。"我在心里默默地算了一下：7÷2=3.5（元），20-3.5=16.5（元）。想着想着，我便把一张 20 元的纸币给了阿姨，并提示她要找我 16.5 元。我又来到了肉类区，看到一位叔叔在卖肉，我便问："叔叔，这条肉多少元一斤呀？""10 元一斤。"叔叔说。我心里又默默地算了起来：16.5-10=6.5（元）。我就把 16.5 元中的 10 元递给了那个叔叔。当我从菜场出来，妈妈说："既有荤又有素，我的女儿学会买菜了。"

　　通过这次考验，我感受到我们的生活中藏着许多数学奥秘。我要努力学习，掌握更多的数学知识，才能够学以致用，解决身边的问题。

【点评】你是一个会筹划的孩子，能应用所学的数学知识买菜买肉，真切地感受到生活中处处有数学。继续努力吧孩子，大胆地去探究数学中的奥秘。

指导教师：李秋冬

数学——我们的好朋友

五年级（2）班　郑赫

今天，我和妈妈去超市买牛奶，遇到了一个问题。

我走近了卖牛奶的冷藏柜，发现有 20 元 6 瓶、30 元 10 瓶、40 元 15 瓶三种不同的包装。"咱们买哪种包装的牛奶更加便宜呢？"妈妈笑着问我。我说："我来计算一下吧。"我先用 20 除以 6，算出第一种包装的牛奶一瓶大约需要花 3.3 元。接下来，我又算出了 30 元 10 瓶包装的牛奶，每瓶是 3 元。40 元 15 瓶包装的牛奶，每瓶大约是 2.6 元。最后进行比较，"原来是 40 元 15 瓶的便宜啊。"我高兴地说。妈妈也表扬我会合理运用所学到的数学知识。拿着 40 元 15 瓶这种售价的牛奶，我和妈妈高高兴兴地去结账了。

在生活中，数学真是我们的好伙伴啊！让我们一起去认真学习数学，一起去探索数学中的奥秘吧！

【点评】你不仅是数学知识的探究者，还是数学知识的应用者，体会到了学习数学的价值。你在学习与应用中徜徉，坚持下去，一定会有更大的收获。

指导教师：李秋冬

数学无处不在

五年级（2）班　周荃

　　我们的生活中处处离不开数学。不信？你看！在超市里，收银员阿姨正在念叨："12.5+7.5+2.5=22.5（元），您好，请交 22.5 元。收您 50 元，应找 27.5 元。请您收好。"你们看，这一句话里含了多少个数学信息呀！还有！在菜市场上，有一位中年妇女正在和小贩讨价还价："一斤八角钱，买三斤，再送一斤吧！""嗯……好吧！"还有很多这样的例子呢！

　　有一天，在小区组织的跳跳市场里，我偶遇到了一个好朋友，只见她正在专心致志地卖着文具。例如：铅笔、橡皮、尺子、自动铅笔、油笔。当时，我正好缺一块儿橡皮，于是，便买了一块，"这块多少钱？"我问道，"嗯……五元钱两块，不过看在你是我好朋友的份儿上，就……三块钱一块吧！"我这一听就不对劲了，既然便宜了，为什么还变贵了呢？"你是给我便宜了吗？""你说呢？哈哈！当然是变便宜啦！""可是，为什么不仅没有变便宜还变贵了呢？你看，2.5 元小于 3 元啊？也就是说你给我贵了 0.5 元哟！""啊？是吗！我长大誓死不当做生意的啦！"可不是嘛！要不得亏多少钱啊！"那我就给你算成 1 块钱！嗯……也就是用 2.5-1=1.5（元），给你便宜了 1.5 元，你看对吗？这回应该是我亏啦！""OK！那就谢谢你喽！"

　　其实，生活中还有许多数学故事等着你去发现呢！要不咱们比比赛，看谁发现生活中的数学问题最多。

　　【点评】生活中处处有数学，要在生活中学数学、用数学，你就会发现学数学是一件很快乐的事。善于发现的孩子，继续去探索数学的奥秘吧！

指导教师：李秋冬

过生日

五年级（3）班　成籽睿

生活中处处都有数学，它在生活中有着重要的地位。生活中处处都用得着数学，它可以帮助我们解决很多问题。

妹妹过生日的时候，我就用到了数学知识。那天，我们来到了饭店里，只见有很多人。她请了六个同学，还有姐姐和弟弟，加上我一共十个人。我们十个人在包间里，蛋糕上来了，妹妹不知道如何分才公平，因为她担心分的不均，大家会生气。这时，我提议，我们一共十个人，把这个蛋糕平均分成十份，每人分得的蛋糕占总蛋糕的十分之一，这样就公平了。

就这样我们分了蛋糕，我们吃着蛋糕心里十分开心。生日聚会就这样结束了，大家都高高兴兴地回到了家中。

在生日聚会中，让我知道了数学是多么重要，只有好好学数学，才能在别人面前展示自己。

【点评】你是一个学习数学的有心人，在分蛋糕的过程中用到了有关分数的知识。相信你的数学一定会越学越好，会有更多的展示机会的。

指导教师：连云

买书的故事

五年级（3）班　郭鑫桐

今天，由于爸爸妈妈外出有事。妈妈就把我送到新华书店，书店里人头涌动。一进门，一股热气迎面扑来，这种热闹的场面，使我一下子兴奋起来。书架旁伏满了人，十分拥挤，要想看得清，就要往里挤。我完全不顾来自后面的挤压，尽兴地挑选书籍。一会儿，我终于选到了我看的书。

挤出人群，我发现，一位看着像老师模样的人抱了好多书。我有礼貌地问老师需要帮忙吗？老师爽快地答应了。"老师，您是给学生挑选书吗？你们班有多少学生？"老师没有直接告诉我，反而让我猜猜看。"每人分 6 本则剩下 15 本，每人分 7 本则差 20 本，有多少学生？多少本书？"这一下，可把我给问住了。我想了想，突然有了点思路，两次的分法不同，那就导致练习本相差了 15+20=35（本），每人分 6 本变成 7 本，相差了 7-6=1（本）。哦！忽然，我明白，总差额知道了，又知道了每人的差额，那不就求出总人数了吗？

我很快求出了学生有 35 人，那书的本数就更好求了，用 6×35+15=225（本）。我把答案告诉了老师。老师说："你真棒！完全正确！"

【点评】你不但是一个乐于助人的好孩子，也是一个善于思考的好学生，这么有思维价值的问题也没有难倒你！学数学、用数学，你做到了！加油哦！

指导教师：连云

购　物

五年级（3）班　黎婧文

有一次，我和妈妈去购物，我看上了一件衣服，试穿了一下很漂亮。于是对妈妈说："妈妈，给我买这件衣服呗！"妈妈没有回答我，就直接向售货员询问了价钱，"这件衣服多少钱？""原价是 160 元，打五折，80 元。"妈妈觉得还不错，穿着好看价格也实惠，边让售货员打包，边从兜里拿钱。妈妈拿出 100 元给了售货员阿姨，阿姨找了 20 元给妈妈。我们走出店面的时候，我向妈妈讨教说："妈妈折是怎么打的呀？""打折就是用原价除以 10，然后乘打的折数就可以了。""哦，原来是这样啊！妈妈接下来是回家吗？""不是，接下来咱们去菜市场，我交给你一个任务，给你 10 块钱，帮我买回来一棵圆白菜。"

我拿着钱兴高采烈地走向菜市场，这还是我第一次自己买菜呢，心里有些兴奋，有些期待，脚步也跟着急促了起来，很快就到了卖菜的摊位："叔叔，圆白菜怎么卖？""1 块 2 一斤。"我找了一个看着顺眼的给了叔叔。叔叔称好后对我说："3 斤 8 两，4 块 5 毛 6，给 4 块 5 吧。"我算了半天才算出来，心里真是敬佩他！我把妈妈给我的 10 块钱给了叔叔，他很快就把钱找给了我。我拿到手里数了数，怎么是 6 块 5，不是应该找我 5 块 5 吗？叔叔笑呵呵地说："两张 1 元的粘在一起了，没看到。"于是我把多找给我的 1 元还给了叔叔，叔叔边接钱边对我说："你真是个诚实、懂事的好孩子！"

我发现我们必须要学好数学，要不然当找错钱的时候就尴尬了。购物并不是加减法那么简单，还在考验着我们的诚信。

【点评】在购物的过程中，你不但了解了打折问题，还体现了你的细心和诚实。学知识重要，做人更重要，讲诚信的你是我们学习的榜样！

指导教师：连云

阅读数据有感

五年级（3）班　刘思诺

今天，我在数学书中阅读到了一段小知识：全国人口有 13 亿多人。哇！13 亿人，假如每个人节约一角就是 1300 万元了。小学生从一年级读到大学，大约需要 1 万几千元，那这笔钱就可以供给 1800 名因没有钱上学而失学的儿童。

如果真是这样，该有多好呀！你看上面的信息，真是人多力量大呀！我又想了想，如果 13 亿人口都浪费一滴水，那么共浪费 13 亿滴水。书上说，1000 滴水重 200 克，1300000000÷1000×200=260（吨），1 吨水能发 100 度电，那么 260 吨水能发 26000 度电了。想到这，我一下子惊呆了，260 吨水能发那么多的电，所以我们现在一定不要浪费水了。

【点评】你从阅读中，不仅了解了大数在生活中的应用，还感受到节约的重要性。现在是数据时代，数据带给我们的震撼可不仅仅是这些哟！让我们好好学习数学吧！

指导教师：连云

买　菜

五年级（3）班　马睿萱

　　我的生活中有很多有趣的事情。下面，就让我来讲一件事情吧。

　　有一次，我和爸爸去超市买菜。结完账后，爸爸想考一考我，说："你来算一下账对不对。"我接过小票，自言自语地说："还好就买了两样东西，要不然就算不过来了。"我仔细地算了一遍账，大声说："这账是错的！"周围有几个人奇怪地看着我，我装作若无其事的样子，小声对爸爸说："黄瓜是1.56元，菠菜是3.14元，总价写的是4.7元。"爸爸问我："你再算算，真的不是4.7元吗？"我又认真地算了一遍，不好意思地说："原来我把1.56看成1.65了。"我真是马虎啊！

　　怎么样，我买菜的故事很有趣吧！不过我体会到了细心的重要性。

【点评】你真是个小马虎，还记得宇航员因为少输入了一个小数点造成宇宙飞船坠毁的事故吗？学习上可是来不得半点疏忽哦，希望你今后做个细心的孩子。

指导教师：连云

一道数学题

五年级（3）班　张艺然

今天，我在一本书上看到一道奥数题，上面是这样写的：现在有一包七两的种子和一包半两的种子，在天平上称（不用砝码），只称两次就把种子分成 4.5 两和 3 两这样的两份，怎样分？

此时，我这个奥数渣子在这道题面前真是渣的不能再渣了！想了一小时之后，还是没思路，只好求助百度。百度的答复是这样的：先把 7 两的种子平均分成两份，那么每份是 3.5 两，就已经称一次了。再把一包半两的种子放在天平的一端，然后从一份 3.5 两中取出 0.5 两，放在天平的另一端，又称了一次。最后把天平上的两个 0.5 两放在一个 3.5 两里，就有了 3 两和 4.5 两。

哦，我终于弄明白了！今后我会在数学上更用功的。

【点评】这个问题很有挑战性，借助网络学习也是一种学习方式。世上无难事，只要肯登攀。学习上只要用心，就没有做不好的事。加油！

指导教师：连云

玩中学数学

五年级（3）班　连毅

数学知识就像一张网，每个知识点都息息相关。下面我给大家讲个关于平行四边形面积的故事。

一天放学回家，妈妈送给我一件礼物。我兴高采烈地打开，"哇！"原来是我期待很久的磁力棒。五颜六色的磁力棒吸引了我。我迅速地吃完晚饭，放下碗都不等和妈妈打声招呼，就跑回自己的房间开始拼接起来。先来个最基础简单的吧。不一会儿一个平行四边形就摆在眼前。这时妈妈过来问我："儿子，你知道这个平行四边形的面积吗？"我连忙说："知道。"可是……我思考了半天还是想不清楚。这时我忽然想起老师说的，想要知道一个平行四边形的面积就要先知道它的底和高。我拿来尺子认真地测量起来。底是 30 厘米，高是 15 厘米。30×15=450（平方厘米），终于得出面积了。我还拼接了很多很多不同形状的平面图形。

在数学的世界里还有很多很多有趣的知识，需要我们认真地学习探究。

【点评】妈妈的礼物磁力棒成了你的万能学具，使你在图形的世界里驰骋。数学不仅可以做，还可以玩哦，看来你已经在玩中学到了数学知识。

指导教师：连云

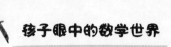

等 车

五年级（3）班　文钰

今天，我去上钢琴课。我跟爸爸说想坐公交车，爸爸答应了。

到了公交车站，我们坐的 2 路汽车出发时，1 路汽车也同时出发。爸爸一看，突然笑着对我说："钰儿，我考你一个题。""没问题，说吧！"我撸起袖子，看上去要打架似的。"行，那你听好了，如果 1 路汽车每 4 分钟发一次车，2 路汽车每 6 分钟发一次车，它们的起点相同。那么，两辆车要几分钟后才能又同时发车呢？"我脱口而出："那简单！只要求出它们的最小公倍数就行了！那就是说两辆汽车要 12 分钟后才能又同时发车！""正确！""耶！"

生活中处处有数学！这个问题没有难倒我呀！

【点评】这里的发车问题是典型的最小公倍数在生活中的应用，你能够学以致用，真的了不起。生活和数学联系很紧密，有更多的问题等你去发现和解决呢！

指导教师：连云

算　账

五年级（3）班　林志翔

　　生活中处处体现学习数学的重要性。例如：超市买菜、买文具……都需要数学知识。

　　这个学期，我们学习了小数的乘法和除法，没想到很快就用到了。放学后，妈妈来接我一起去超市买水果。香蕉是 2.8 元一斤，妈妈买了 4.5 斤，本应该付钱 12.6 元。可是营业员粗心大意，不知道怎么算成了 14 元。还好我利用了这个学期学习的小数乘法的知识，在脑子算了一遍后，便纠正了营业员的失误。

　　营业员阿姨夸我聪明，这么小都会算账了。而且在回家的路上，妈妈还表扬我，给她省了 1.4 元，并且学过的知识能在生活中运用。

　　是啊！要是没学好数学，以后损失的不只是这 1.4 元了，或许是更多呢！

　　【点评】看来我们学习的小数四则运算在生活中的应用很广泛。这次购物你的功劳可真不小。希望你更好地学习数学，解决更多生活中的问题，你一定行！

指导教师：连云

爱的账单

五年级（3）班　刘菲儿

今天下午，我对妈妈说："妈妈我们来算算账吧！"妈妈奇怪地问："算什么账？""算算我们的收支账。"我说。"好啊！"妈妈笑了。于是，我们母女俩拿出计算器算了起来。

首先，算我一年的书本费、人身保险费等。妈妈说出一笔笔费用，我一边听，手一边在计算器上不停地敲打。经过半个小时的细算，我们终于算出一年里，我光学习一项就用了 12200 元；吃的、穿的我一人竟用了 4358 元！我惊呆了，这两项加在一起，可是爸爸妈妈两个月的工资啊！这都是父母起早贪黑，冒着严寒酷暑挣来的血汗钱哪！我不由得发出了惊叹，心中涌起一阵难言的感慨，望着妈妈一句话也说不出来……妈妈见此情景，安慰我说："只要你努力学习，长大成才，爸爸妈妈的付出就不白费了。"我听了使劲儿点了点头。

账算完了，我对爸爸妈妈的感情更深了。我想以后上初中、上高中、上大学，我的学费也许会更多。我决定从现在开始，改掉吃零食的坏习惯，好好学习，用好成绩来报答爸爸妈妈。

【点评】真是不算不知道，一算吓一跳。父母对你的付出无法用金钱来衡量。这次算账让你体会到了爸爸妈妈的爱，也希望你好好学习，用实际行动回报父母。

指导教师：连云

做游戏

五年级（3）班　王雅琪

今天，我很早就写完了作业。妈妈见了，便走过来对我说："和你玩个游戏吧！""好呀！"我爽快地答应了。

妈妈拿来一块圆纸板，纸板中心用钉子固定一根可以转动的指针。纸板被平均分成 24 个格，格内分别写着 1~24 各数。"妈妈，游戏规则是什么啊？"我心急地问。"游戏规则很简单，就是指针转到单数格或双数格，都要加上一个数。如果加起来是单数就是我赢，如果加起来是双数就是你赢。"妈妈笑着说。

我见游戏规则这么简单，就一连玩了十多次，可是每次都赢不了妈妈。妈妈笑了。"为什么总是单数呢？"我不解地问妈妈。妈妈说："你自己想想吧！"于是，我绞尽脑汁地想呀想，终于让我想起了老师曾经讲过的公式：奇数+偶数=奇数。这下我可明白了，假如指针转到单数，那么下一个数就必然是偶数；假如指针转到双数格，那么加下一个数就是奇数，所以，无论指针转到任何一格，加起来都是奇数。妈妈就是利用这个规律获胜的。

在数学的世界里，有着许多奇妙的规律。我们一定要学好数学呀！

【点评】这个游戏很有意思，不但体现了游戏的公平性，还将奇偶数相加的规律蕴含其中。你真是个有心的孩子，在学中玩，在玩中学，数学知识无处不在哦！

指导教师：连云

智破圈套

五年级（3）班　刘菲儿

因为我的数学基本功扎实，所以帮助爷爷避免了一次上当受骗，事情是这样的：爷爷是一个勤劳的人，总是闲不下来。在我四年级暑假期间，有一次在农村老家陪爷爷去集市卖葱，这些葱是爷爷利用房子前面自己开垦出来的一小片空闲地种出来的。早上刚刚到集市，摆好葱摊，马上就有一个女子上来问："葱怎么卖啊，大叔？"爷爷看了看，是一个看着很和气的女士，就说："自家种的，2块一斤。""噢！那倒不贵，可是我只要葱白，中午回去做馅饼，我的家人不吃葱叶子。"爷爷听了一乐，"哪有只卖葱白的，难道让我把葱截开？那还怎么卖，谁会只买葱叶子啊？""这么巧，你卖葱叶子！大叔，我是开饭店的，葱叶子正好分量轻，炒菜用正好。"这时候女人说话了："大叔，你看真巧了，我只要你的葱白，而这位先生只想要您的葱叶子，要不您卖给我们一捆吧？"爷爷听了说："好吧，反正都是一捆。"可女人又说话了："大叔，我只要葱白，所以我每斤只出 1 块钱买葱白。他只要葱叶，他出另外一半价钱，也就是他再 1 块钱 1 斤买走葱叶，这样您的每斤葱不也是 2 块钱吗？"爷爷说："无所谓了，行！"我在旁边，越听越不对劲，仔细一算，不对啊！这样一分开卖，每斤不是 1 块钱了吗，哪像他说的那样啊！于是我赶紧对爷爷说："爷爷，葱咱们不卖了。"爷爷不解地看着我。我说："叔叔阿姨，葱我们不卖了，你难道要我给你俩说出原因吗？"那两个人看看我，又互相看了看说："走吧。"于是转身走了。

爷爷问我怎么回事，我把这笔账给年迈的爷爷说了一下，爷爷顿时明白过来了，"这是一个圈套啊！"他大笑自己愚钝，说还是我聪明，不白上学啊！这就是发生在我身边的一个数学故事。

【点评】知识就是力量，知识就是财富，在你身上得到了验证。你思维敏捷，利用自己的智慧和学识，识破了两个买葱人的圈套，为爷爷挽回了损失，了不起！

指导教师：连云

我真棒

五年级（3）班　肖雅琪

今天下午，我和妈妈来到超市买东西。

当我们买完所需的东西之后，刚要离开，我看见货架上正好摆着单根散装的火腿肠，于是我让妈妈再买些火腿肠，妈妈同意了。可是刚走几步，我又看见货架上摆着一包一包的，同样品牌，同样重量，里面有10根，每包4.30元。到底买一包一包的呢？还是头一根一根的？我犹豫了。突然，我的脑子一转，有了，只要比较一下，哪一种合算就买哪一种。于是我开始算起来：散装的如果买10根，每根4角，就是40角，等于4元。而整包的也是10根要4.30元，多了3角钱，所以我决定买散装的。我把计算的过程说给妈妈听，妈妈听了直夸我爱动脑。

【点评】从买火腿肠这件事中，看出你是一个善于观察、比较、分析的孩子，用"数量相同比总价"的方法解决了购物问题，能学以致用，很棒！

指导教师：连云

神奇的数据

五年级（3）班　郑天宇

今天，我偶然在一本书上见到了这样一个不可思议的数据："一张厚度为 0.01 厘米的纸，对折 30 次之后的厚度竟然比珠穆朗玛峰还要高呢？"

这个数据无论怎么听都觉得太"荒唐"了一点。毕竟是一张薄薄的纸，通过对折真能超过珠穆朗玛峰吗？但很多意想不到的事情都有可能发生在我们的身边。所以为了证明这个奇迹是否存在，只有通过计算，一切的谜底才能揭晓。

随即，我便把 0.01 厘米连续乘以 2，一共 30 次，得到 10737418.24 厘米。接着，我又把珠穆朗玛峰的高度 8844.43 米转化成 884443 厘米。通过比较，很明显的看出来对折 30 次之后的纸张厚度确实超过了珠穆朗玛峰的高度，而且高度还是珠穆朗玛峰的 10 多倍。

其实像这样的惊人数据在生活中常常存在，只要你有一双善于发现的眼睛，就能发现其中的神奇。

【点评】你真是个有心的孩子，敢于质疑、勇于实践，证明了一张纸对折 30 次后的厚度与珠穆朗玛峰比较后的数据，这种学习精神值得大家学习。

指导教师：连云

生活中的大智慧

五年级（3）班　赵家优

数学在我们生活中的应用真的是太多了。

比如最常见的是我们平日买东西结账，需要付的钱数，找零的钱数；还有超市有时候做活动，有打折的或者促销的，我们就要看看怎么买才最合适；再有家里平日里的水、电用量的计算；寄大件快递的时候要算体积……

前几天，我就遇上一个有关体积的问题。老师让我们做一个长方体小盒子，并且计算出它的棱长和、体积，然后发到群里。由于我们课上学过了关于长方体体积与棱长和的计算公式，所以同学们不费力都算出来了。可是老师又让我们计算出家里随便一个土豆的体积，这可难坏了我们，因为土豆不是规则的形状。大家在测量棱长的时候五花八门，得出来的数都是约等于多少。我在家也是费了半天劲，后来妈妈的一句话提醒了我："你们不是学过容积和体积的互换吗？"我这才恍然大悟，赶快拿了一个带刻度的大杯子装了 500ml 的水，拿一个土豆放进去，然后看水位上涨了多少毫升。一看，已经是 750ml 了，那就是土豆放进去后水上升了 250ml。之前上课时候老师讲过：从内部量棱长为 1 厘米的小正方体，体积是 1 立方厘米，它的容积就是一毫升。那么同样的道理，这上涨的 250ml 就是土豆的体积了，750-500=250（毫升），250 毫升=250 立方厘米。所以土豆的体积是 250 立方厘米。

当时我记得发给老师图片的时候，老师还特意在群里表扬了我，我心里别提多开心了。这件事情启发了我，让我明白了生活和数学息息相关，只要肯动脑子，就没有解决不了的问题。

【点评】你能敏锐地捕捉到生活中的细节，从中体会数学知识在实际生活中的广泛应用，增强了学数学、用数学的信心。多动多思多写，你一定能学好数学。

指导教师：连云

算作文字数

五年级（3）班　李文博

　　一个炎热的下午，我和同学们在闷热的教室中奋笔疾书，抄写着稿纸上的作文，整个教室里鸦雀无声。终于，我写完了，正当我要交作业时，同桌叫住了我。他问我："喂！你写了多少字啊？""难道还要查字数吗？"我好奇地问她。她惊讶地答道："当然要查啦，这可是老师要求的呀！"这下我可傻眼啦，整整两页半的作文，这要是一个一个字地数，得数到什么时候啊！忽然，我想到了一个用来计算作文字数的简便算法。要不就试一试，我这样对自己说。

　　说干就干，我拿来演算纸和作文本，备好笔，开工！首先，我用作文本上面和侧面格数的相乘算出了整页的格数，再用整页的格数减去段首和段尾的空格数，作文的字数就算出来了。

　　其实，我们的生活中还有许许多多像这样的数学问题，只要你细心观察并且认真思考，就一定能解决这些数学问题。

【点评】你是一个善于思考的孩子，能够利用所学的数学知识解决问题。你的方法巧妙、简洁。学习数学就是为了使我们的生活更加便捷，看来你已经做到了！

指导教师：连云

有趣的误会

五年级（3）班　李佳琪

很多人都以为阿拉伯数字是阿拉伯人发明的，可是我一直对此很怀疑。果不出我所料，今天数学课上老师介绍了阿拉伯数字的真正来历。原来这是一个误会！阿拉伯数字真正的发明者是印度人。因为当时阿拉伯人的航海业很发达，他们把数字从印度传到了阿拉伯。欧洲人从他们的书上了解了这种简便的记数方法，就认为是他们发明的，所以称它为阿拉伯数字，后来这个误会又传到了中国。

我很想对印度人说："谢谢你们给我们人类带来了这么大的便捷，就因为这样，我很喜欢数学。"不仅数字王国很神奇，而且数学的历史知识更是丰富，让我忍不住想去了解、探究。

【点评】数字的发明者确实是印度人，这个数学史实深深地吸引了你。数学不仅好玩，还有很深厚的文化，希望你能了解更多数学文化，丰富对数学的理解。

指导教师：连云

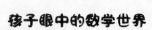

买本记

五年级（3）班　张希航

星期六，我和妈妈去几家文具店买同样的练习本。我发现第一家文具店 5 元 10 本，第二家文具店 4 元 6 本，第三家文具店 2 元 6 本。当然哪家的便宜就买哪家的。我拿出笔，要好好算一下。

第一家文具店：$5 \div 10 = \dfrac{5}{10} = \dfrac{1}{2}$（元）

第二家文具店：$4 \div 6 = \dfrac{4}{6} = \dfrac{2}{3}$（元）

第三家文具店：$2 \div 6 = \dfrac{2}{6} = \dfrac{1}{3}$（元）

$\dfrac{1}{3} < \dfrac{1}{2} < \dfrac{2}{3}$

通过比较我知道了，第三家文具店卖的练习本最便宜。我和妈妈就去第三家文具店了。

【点评】怎样购物最划算也是一门学问，你利用自己的数学知识解决了问题。这段文字不仅记录着你的发现，更在你内心深处留下了数学的烙印，只要留心，处处皆学问。

指导教师：连云

吃蛋糕

五年级（3）班　尹晓光

一天，妈妈带我去做蛋糕。我高兴极了，蹦蹦跳跳来到蛋糕店。我做的是冰淇淋蛋糕，用了半个小时。蛋糕终于做好了，被我装饰得漂漂亮亮，上面撒满了美味的小樱桃，周围是五彩斑斓的巧克力豆，还有"奥利奥"饼干，真是让人流口水。我将做好的冰淇淋蛋糕拿回了家，已经化掉了许多，看着蛋糕哭泣的眼泪，我赶紧放到了冰箱最底层的冷冻室。过了不久，蛋糕就被冻的晶莹剔透，闪闪亮亮的。

我叫上了好朋友——郭泽辉一起分享美味。妈妈给我们拿出了蛋糕，切成了 8 份。然后我们俩狼吞虎咽地把蛋糕几口就吃完了，简直是太美味了。哈哈，看来我的手艺还不错。吃完蛋糕，妈妈问我们："你们一人吃了几份呀？"我俩直接被妈妈问呆了。郭泽辉看了看我，我看了看他，刚才吃的太急，我俩谁也没数吃了几份儿呀！妈妈说："你俩别你看他，他看你的啦！我给你们提示一下，尹晓光吃掉了蛋糕的二分之一。""嗯？不是切成了 8 份吗？哦！对了，要约分。"我犯了数学题中最常见的错误。"我吃了 4/8，也就是蛋糕的 1/2。郭泽辉吃了 2 份，是 2/8，也就是 1/4，剩下的是妈妈吃的，也吃了 1/4。"我一口气说出来。"全部正确。"妈妈高兴地说。

这次吃蛋糕让我明白了，原来数学也能用在生活中。我一定要学好数学！

【点评】吃蛋糕的事正好应用了分数的意义和性质，在美味和数学的大餐中，你体会到了生活中处处有数学，希望今后你有更多的新发现。

指导教师：连云

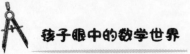

我生活中的数学

五年级（3）班　肖雅琪

国庆假期间，我和妈妈一起去超市购物，准备找找"千克和克"。走进超市，我首先来到了饼干区。这么多琳琅满目的饼干中，我选择了最喜欢的闲趣饼干。我仔细看了看，终于在角落里找到了"净含量100克"，说明这包饼干不含袋子的重量是100克。那要是有10包这样的饼干不就是1千克了吗。哦！我真高兴，这么快就找到了。

接着，我们又来到卖米的地方。我发现一袋米10千克。如果我们家每天吃0.5千克的话，一个月就要吃15千克，也就是这样的1袋半米了。后来，我又看到了16个鸡蛋大约有1千克，一个菠萝大约2千克，一个西瓜大约3千克……

我的收获真多啊！我在超市中找到了数学中学到的"千克和克"的知识，它真是无处不在呀！

【点评】质量单位在我们的生活中应用十分广泛，你亲身体验感受了它们的存在。继续保持这种学习的状态，只要善于发现生活中的数学，就能学好数学。

指导教师：连云

数学头脑

五年级（3）班　张思琪

这是发生在我三年级时的一个故事。有一次，我和从外地来我家玩的妹妹一起去买文具。

我们走到了一家礼品店，妹妹突然拉住了我，小手指着架子上的一个彩色玻璃密码盒，悄悄对我说："姐姐，给我买那个漂亮的盒子好不好？"说着，一脸期待地看着我。我看看那玻璃盒的价钱，又看看妹妹，心里犯了难，我出门只带了 60 元，买文具就用去了 45 元，剩下的 15 元要是买这个盒子的话，钱又不够。这可怎么办呢？

我跟妹妹说："你看啊，姐姐呢今天带了 60 元。刚才买的那些文具又花去了 45 元，你算算现在姐姐还剩多少钱呢？"妹妹皱着眉头，想了想，突然，眼睛一亮，"姐姐，是 15 元对不对？"我还没开口，一旁的售货员阿姨微笑着开了口，"这位小朋友，你是想要那个水晶密码盒吗？""是呢，可是，姐姐好像没有钱了。"妹妹嘟着小嘴说着。"哦，这样啊，那现在，阿姨问你姐姐一个问题，你姐姐呢要是答上来了，这个盒子就送你们了，怎么样啊？"售货员阿姨可能也是看我妹妹可爱，便这样说道。"行啊，那么阿姨，请问您要出什么题呢？"我礼貌地问。

"唔，一个心愿瓶 29 元，阿姨买了 19 个，但在回家的路上摔碎了一个，请问阿姨买这些心愿瓶花了多少钱呢？""这……"我好像还没有学过，唉！我思索片刻，我算出了结果 29×19=551（元）。阿姨花了 551 元。"聪明的孩子，来，这个盒子就送给你们俩了。""谢谢阿姨！"

回到家，我真是自豪极了，我用自己的智慧为妹妹得来了密码盒，直到现在回想起来，我还有那么一点点沾沾自喜呢！

【点评】你这个小姐姐真棒，用自己的爱心和智慧，使妹妹得到了喜爱的密码盒，计算能力很强，两位数乘两位数用口算都又快又对，真有数学头脑！

指导教师：连云

一年级　二年级　三年级　四年级　五年级　六年级

处处皆学问

六年级（1）班　李泽阳

在生活中数学的用途是很大的！只要你仔细留心身边的事情就能发现。

记得，我们在一次暑假回老家。路上，妈妈拍了一下我的肩膀笑眯眯地说："从家到老家有多远？"我一想，随后拿起地图，用铜锣般的眼睛在地图上扫描，我的探照灯盯住了几个数目，我用学过的比例知识得出总路程为 190 公里，我惊呆了，这么远，我们还要开几个小时呀！妈妈非常同意我的说法。爸爸又说："如果我们的车行驶一公里耗油 0.6 升，那么我们从家到老家用多少升油呢？"我说："应该是用我刚才算出的总路程 $190 \times 0.6 = 114$，那么，我们就耗油 114 升！"爸爸点了点头。

数学真有用，处处皆学问，处处有数学。

【点评】生活中处处有数学，数学处处连生活。比例的加入，让你的生活更具特色，更具数学味。

指导教师：孙平

我们生活中的奇妙数学

六年级（1）班　杜宇洲

数学，是我们生活中的灵魂元素，它不仅只限于我们的书本上，生活中也大有所在，我们其实只要一留心就可以发现其中的存在与奥秘。

星期日我和妈妈去超市里购物。一进门，我就直奔我的最爱——冰柜专区。随手就拿起了一箱十支的"可爱多''冰激凌，妈妈看到后立即让我放下，说热量太多，容易变胖，要让我算一下让我明白。我在书上看每毫升冰激凌产生的热量是 5 焦耳，又估计了圆锥形冰激凌的半径和高{分别是 5 和 3 厘米}于是便开始了永无止境的计算，每个冰激凌的体积：$3×3×3.14×5/3=47.1$ 立方厘米。$47.1×5=235.5$ 焦耳,再乘以一箱十支就是 $235.5×10=2355$ 焦耳的热量。这还是小包装的，嘿，还真不少！看来一个小小的冰激凌竟然能发散出这么多的热量，这得需要多少运动才能挥散掉啊！大包更牛，{半径 6 厘米，高 10 厘米，20 支装}那么总热量就是 $6×6×3.14×10/3×5×20=37680$ 焦耳，所以我们还是不要买冰激凌了，它会更容易使我们变胖。于是我只好跟随妈妈继续挑选蔬菜去了。

通过这一个小小的计算，我明白了也许一个非常小、不起眼的东西也能发挥出它强大的副作用，以美妙外形与它的独特口味来让人们走向肥胖的不归路。所以，我也明白了我们不能再痴迷于饮食中，要合理控制，对高热量食物说不，也要为我们的身体健康打下一个良好的基础！

【点评】生活中的美妙，需要你去发现，数学中的奇妙，需要你去探索。你是个有心的孩子！继续加油吧！

指导教师：孙平

生活中的正比例和反比例

六年级（1）班　冯博宇

在我们的生活中，有许多两者之间相关联的量，这两种量随着其中一种变化，另一种也随着变化，但是他们的比值却不会变。这就是——正比例。我们学过一些常见的数量关系，像：速度、时间、路程，单价、数量、总价，效率、时间、工作总量等等，它们之间都有着一定的联系。例如：时间（时）　1、2、3、4……路程（千米）　90、180、270、360……从上面可以看出，时间和路程是有关联的，时间是 1，路程是 90；时间是 2，路程就是 180；时间是 3，路程就是 270；时间是 4，路程就是 360……依次类推，可以看出路程：时间=90：1，并且比值一定，所以，它们是正比例。用简洁的话表达，也就是：路程/时间=速度，速度一定，所以，路程和时间可以成正比例。

总结一下：两种相关联的量，一种变化，另一种也随着变化，如果它们的比值一定，这两种量就叫做"成正比例的量"，它们的关系也叫做"正比例关系"。

【点评】理解正比例和反比例的含义是个很难的事，你能结合实例总结且清楚明白，你是勇敢的探究者和坚强的应用者。分享你的成功和快乐。

指导教师：孙平

生活处处有数学

六年级（1）班　王月晴

　　著名的数学家华罗庚曾说过："宇宙之大，粒子之微，火箭之速，化工之巧，地球之变，生物之谜，日用之繁，无处不用数学。"是啊，生活中处处都是数学的小小奇妙世界。

　　记得有一次，我和妈妈去商场，看见了一件外套。它的标价牌上写着：原价 120 元，现打 9 折出售，会员打 85 折。于是，妈妈便对我说："这件衣服打折后的价钱是多少？如果是会员，打折后的价钱是多少？"

　　我想：如果是普通打折的话，那打折后的价格就是 120×90%=108（元）。如果是会员的话，那就是用 120×85%=102（元）。于是，我便回答道："普通打折的 108 元，会员打折 102 元。"妈妈听了说："看来还真难不倒你，那我可要出个难题了。如果已知一件衣服会员打七折后的价钱是 105 元，那么它的原价是多少？"这个要求的是原价，也就是单位 1，所以要用量率对应，105÷70%=150（元）。得出的价格就是150 元。

　　看来，生活中真是处处有数学，我们能够用自己学的知识解决生活中的实际问题，何尝不是一种快乐？

　　【点评】丰富的数学知识，提高你解决生活中数学问题的能力，你能在快乐中学习，在学习中成长，老师真为你高兴。

指导教师：孙平

生活中的数学

六年级（1）班　王月萌

生活处处有数学，它已经成为我们生活必不可少的一部分了。今天，就让我带领大家，走进数学的世界，感受它的魅力吧！

记得那是一个周五的晚上，爸爸下班回到了家，笑呵呵地对我说："今天爸爸发工资了，但是有一个问题想请教请教你。""什么问题呀？"我好奇地说。"我想把工资中的两万存到银行里，存两年，可我不知道哪家银行给的利息高，咱俩一起来算一算吧！"爸爸又对我说。我想了想，最近毕业总复习刚好复习到了利息这一内容，便点头答应了。

首先我们先列举出了几家银行的年利率如下：

	一年期	两年期
A 银行	3.05%	3.75%
B 银行	3.08%	4.04%
C 银行	3.15%	4.03%

于是我将 A、B、C 的年利率相比较，首先排除掉 A 银行，接着 B、C 比较，发现 B 银行的年利率高一些，于是我便列出了这个式子：

$$20000 \times 4.04\% \times 2 = 1616（元）$$

接着，我便跑过去告诉爸爸："爸爸，我算出来了，B 银行利息高，可获得 1616 元的利息。"爸爸听后，微微一笑，向我竖起了大拇指。

【点评】你的日记既总结了知识，又探究了规律，而且还能运用知识解决生活中的问题并设计存款方案，简直太棒了！

指导教师：孙平

美丽的黄金比

六年级（1）班　汪致远

　　数学与我们的生活息息相关，在商品交易中被发挥得淋漓尽致。

　　今天，我们上了一节有意思的数学课，学习黄金比的知识。老师在课上滔滔不绝地讲着关于黄金比和黄金分割线的知识。如果物体的比值是黄金比，也就是 0.618 时，物体会是最美的状态，让人看着舒服。我想：真的有这么神奇吗？我有点不信。于是老师为我们做了一个小实验。老师让我们剪几个长和宽的比值不是黄金比的长方形，同学们便聚精会神的制作。可是，我们做的长方形一点也不漂亮。有的很胖，像一个罐头；有的很瘦，像一根电线杆；有的很长，像一条腰带；有的很短像一片叶子。用五大三粗来形容一点也不夸张。可老师剪的长方形各不相同。却看着十分美观。我们不由得惊叹道：黄金比真是神奇！原来，生活中有这么神奇的奥秘等待着我们去探索。又了解一个新知识，真是太好了！

【点评】黄金比是一个迷人而美丽的数，看到你发现了黄金比的美并发挥想象力，真为你高兴！

指导教师：孙平

升和毫升

六年级（1）班　胡超然

2017 年 5 月 30 日,孙老师让我们自己动手先制作一个能量 1 升水的容器，然后再用这个容器测量一下家里的脸盆，装多少升水才能满。

回到家后,我拿了一个果粒橙的空瓶子,还用了一个一次性的纸杯，上课时，老师说过，普通一次性纸杯是 250 毫升。

我把杯子灌满水，一次接一次地把水倒到果粒橙的杯子里，倒了第四次就是 1 升，因为 4×250＝1000 毫升，1 升＝1000 毫升。

瓶子里的水已经足足有一升了，水才到盆底，我又到了五次，脸盆才满，我知道了脸盆的容积是五升。

这次试验，使我初次对毫升和升有了了解。

【点评】把书本知识搬到生活中，感受到数学很有意思。通过实验对升和毫升概念理解得很透彻！继续努力吧孩子！

指导教师：孙平

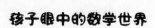

我理解比了

六年级（1）班　刘子涵

今天，我们在数学课上学习了比的意义。比的意义其实十分好记，但有的同学可能忘记了吧！接下来我再给大家复习复习吧！

两个数相除，又叫做这两个数的比。21 比 14 可以写成 21：14。"："叫作比号，读作"比"。比号前面的数叫做比的前项，比号后面的数叫做比的后项。比的前项除以比的后项，所得的商比值。

例如：

$$例如：21：14 = 21 \div 14 = \frac{21}{14} = \frac{3}{2}$$

前项　后项　比值

但比值一般用分数表示，也可以用小数或整数表示。比的前项和比的后项同时乘或除以相同的数（0 除外），比值不变。这叫做比的基本意义。应用比的基本性质，可以把比化成最简单的整数比。把比化成最简单的整数比，通常叫做化简比。

在实际运用中没有大家想的如此简单，例如：平均分、谁占谁的多少、路程问题、饲养问题、几何问题等。这些问题中都藏着许多小埋伏，也值得大家多多思考。

【点评】关于比这个概念你理解的这么透彻，总结的这么全面，老师真为你高兴啊！分享你的发现，也分享你的收获！

指导教师：孙平

我几岁

六年级（1）班　李薛晨

　　数学在生活中是无处不在的。就在我刚上小学一年级时候，爸爸过33岁生日，有许多朋友参加了生日聚会。在吃蛋糕的时候，爸爸突然说："儿子，你先别吃蛋糕呢，我先考你一个问题，你听好了我只说一遍。我今年33岁，等我80岁的时候，你多少岁？"我一听脸都绿了，满脑子里都是吃蛋糕的事情，完全不知道怎么算，就在我"山重水复疑无路"时，妈妈好像看穿了我的心思，把我拉过来……经过妈妈的指导让我"柳暗花明又一村"。

　　"是53岁，是53岁！"我高兴地说。

　　爸爸问："你能给我讲一下你怎么算的呢"？

　　"我先要知道咱们俩相差多少岁，就是你现在的年龄减去我的现在的年龄即33-6=27岁，然后您又说您80岁时，我几岁？年龄的相差是永远不会变的，所以用80-27=53岁，也就是您80岁的时候我的年龄。好了，我可以吃蛋糕了吗？"

　　"当然可以。"爸爸笑着说。

　　生活中有很多很多关于数学的知识，数学将陪伴我一生，我爱数学。

【点评】看见你的日记，老师也仿佛来到了你爸爸的生日宴会，你在玩中还不忘学习数学，真是一个非常细心的孩子。坚持下去你的数学成绩一定会不断进步。

指导教师：孙平

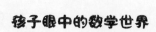

我生活中的数学

六年级（1）班　张恩泽

自从我上小学开始接触数学，便爱上了这门学科，因为生活中好多的问题都可以用数学知识解决。

记得寒假的一天我和妈妈去逛街，在超市购买生活用品，选购过程中我认真记了所选东西的价格，大约七八种商品，在结账时我悄悄地和妈妈说："我算过了，80块钱应该够了。"结账单的数是78.6元，妈妈拍着我的肩说："不错呀，口算挺快。"我告诉她说我是口算的，而且还用了估算法。出了超市，妈妈又看到一件正在打折的上衣，她说："来，给妈妈算算如果买这件衣服能省多少钱？"我看宣传单上写着：降价30%，现价70元。我想了想，数学老师曾讲过，求"1"用除法，使量率对应，一除就可以得到"1"了。如果原价是"1"，量是70元，对应的率是（1-30%），那么用70除以70%得100元，就是原价，最后妈妈觉得很合算，就买了，还称赞我知道用数学解决生活中的问题了。

数学与我们的生活息息相关，我们只要学好数学，生活中的大部分困难就会迎刃而解。

【点评】老师看到了你进步的原因，看到了你成长的足迹，学了新知识会应用于生活中，相信美好的未来在等着你呢！

指导教师：孙平

我生活中的数学

六年级（1）班　张笑

　　晴朗的一天，写完作业的我伸了个懒腰，发现肚子正在抗议。

　　走到厨房，父母在做晚饭。"晚上吃什么？""煎鱼。""太棒了！什么时候好？"钟爱煎鱼的我已经迫不及待了。"锅每次只能放2条鱼，一面煎2分钟。咱们一共要煎3条鱼……"妈妈正说着，爸爸问我："孩子，你知道最快可以什么时候煎好鱼吗？"

　　原来爸爸要考我。我说干就干，列出了方案1：1条1条地煎，每条鱼煎4分钟，一共12分钟。这种肯定是最费时间的！我毫不犹豫写出了方案2：两条鱼一起煎，一共用4分钟。加上最后那条鱼，一共8分钟。我觉得没有更快的了。于是向爸爸报告了结果。

　　"不，还有更快的。"看我十分不解，爸爸补充道，"难道要两面都煎才能出锅？"听了提示，我想出了方案3：先煎1、2号鱼。之后把1号鱼翻面，3号鱼替换2号鱼。最后把2号替换1号，3号翻面。一共才用了6分钟。"还有这么快的方法呀！"我感慨道，"数学可真厉害，它神通广大又无处不在！""嗯，只要你细心留意，会发现更多的'鱼'！"

　　谈笑间，鱼好了。我咬了一口。嗯，收获的味道真好。

【点评】错综复杂的数学概念、数学关系、数学问题，你的小脑袋一转就迎刃而解，你分析的清楚又明白，就像一个小老师讲了一节公开课！

指导教师：孙平

圆的周长

六年级（1）班　张宇鑫

今天早上，我跟姐姐骑车去公园玩，话题引到了从长椅到对面小树一共有多远上。

开始，我们想了好几个办法都行不通，比如：用两手之间的距离比成大约 1 米，然后数共有几个 1 米。但是发现非常不准确。后来我们想了一个既准确又简单的办法——量出自行车一个车轮转一周大约是多少厘米，然后数车轮共转多少圈，就好了。这个我会！圆的周长不就是兀×圆的直径吗？这学期新学的。

我们量得车轮直径大约为 60 厘米，60×3.14 等于 188.4 厘米。这样一个圆的周长求出来了。下面就该数从长椅到对面小树车轮共转多少圈了。"4 圈！"姐姐说。那么 60×4 是 240 厘米。就是 2.4 米。

回家后，我把今天发生的事跟爸爸说，爸爸说我们是好奇宝宝，还量这距离。

通过量这段路的距离，我又复习了圆的周长的知识。今日我非常开心。

【点评】你能主动用数学的眼睛来观察生活，在生活中感受数学与生活的零距离。并能应用所学的数学知识解决问题并感悟数学就在身边。真是个有心人。

指导教师：孙平

我生活中的数学

六年级（1）班　戴巧蕊

俗话说得好，"数学来源于生活，也应用于生活。"在我们的生活中处处都需要用到数学，它为人们的生活做出了巨大的贡献。那一次的礼盒包装给我带来了得意，同时也让我真正地认识到了学习数学的重要性。

记得那年教师节，弟弟要送老师一支钢笔，想用包装纸来装饰一下钢笔盒的外表。他在那里绞尽脑汁地要买多大的纸，最终还是没有结果，他来问我："姐姐，我该买多大的包装纸呢？"听到这里，我就想到了我所学过的数学知识。要想知道买多大的包装纸，就得要算出钢笔盒的面积。于是我便拿来一把尺子，测量出钢笔盒的长、宽、高，它们大约分别是 15 厘米、5 厘米、4 厘米。接着，我又拿来了白纸算了起来：（15×5+15×4+5×4）×2=155（平方厘米）。算出答案后的我说："弟弟，我算出来了，你大约得买 155 平方厘米的包装纸。"弟弟听了高兴地对我说："姐姐，你真厉害！""我不是厉害，因为我学过这方面的知识，所以这叫学以致用。"我得意地说。

我从这次运用数学知识解决了生活中的困难感受到了学习数学的重要性。是数学带给了我知识，是数学带给了我方便，是数学带给了我得意。数学就是打开思维宝库的大门，是通向知识殿堂的阶梯。

【点评】刚刚学完表面积你就学以致用了，真是个有心的好孩子！老师为你课上认真学习，并能认真总结点赞。

指导教师：孙平

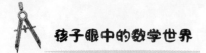

我生活中的数学

六年级（1）班　康芮

　　"数学是打开科学之门的钥匙。"这是培根说过的一句话。是的，数学是那么神奇，那么奇妙。而我们的生活中也处处存在着数学问题。

　　记得那天，我们家新买了一张折叠圆桌。圆桌是棕色的，刻着各种各样的花纹，十分漂亮。正当我看的出神的时候，爸爸拍了拍我，笑着说："怎么样，这桌子很漂亮吧？接下来我问你一个数学问题，这下到了你大显身手的时候喽！"爸爸接着说："你们学习过圆了吧，这张圆桌也是一个圆柱体，它的直径是 1.2m，高是 90cm，那么它的体积你知道吗？"我心想："这可难不倒我！"便自信地和爸爸说："圆柱的体积公式是底面积×高，所以用 3.14×（1.2÷2）² ×90 就可以了！"爸爸又笑着对我说："你再仔细看看，对吗？"我又仔细看了看，说"没问题啊……"可是我反驳的话还没说完，猛然发现：计算单位我没有进行换算！我羞红了脸，说："爸爸，我没有单位换算。应该是 90cm=0.9m，3.14×（1.2÷2）² ×0.9≈1.02（m³ ）"爸爸说："哈哈，你知道自己哪里错了吧？下次可不能这么马虎啦！"

　　经过这次，我可吸取到了教训，千万千万不能马虎。做数学题一样，生活里的每件事都一样。看来，数学就在我们身边，数学无处不在！

　　【点评】通过复习，你不但巩固了原有的知识，而且还把原有的知识进行了拓展延伸。在实际中应用所学，太棒了！

指导教师：孙平

我生活中的数学

六年级（1）班　刘隽赫

　　我很喜欢数学这门学科。在生活中，处处蕴藏着各种数学小知识，家里、学校、商场、餐厅里……到处都离不开数学。在生活中我们可以用数学的方法来解决各不相同的难题。而我最喜欢的是数学知识构建的"变幻有常"的奇妙世界，用一些数学小问题把周围的同学都难住就更有趣了。

　　我有一本书叫《奇妙数学小魔术》，里面是一个个趣味横生的精彩小故事，同时也包含了丰富实用的数学知识。它是我的"秘籍"，我常常用里面的小知识把别人"考倒啦"。

　　这天我对妈妈说："你在心里想 4 个连续的自然数，比如 1、2、3、4……然后用其中两个较大的数相乘的积减去两个较小数的乘积。只要您把差告诉我，我就可以很快猜出你心里想的是哪 4 个连续的自然数。""真的吗？"妈妈不太相信我，想了想后报了一个数"46"。"您心中想的是 10、11、12、13，对吗？"妈妈一听惊讶地说："好厉害哦！你猜对了！"我得意地笑了。其实，4 个连续的自然数，最大两个数的乘积减去最小两个数的乘积所得的差就是这 4 个数的和，知道了和再根据求平均数的方法就可以求出最小数了。

　　看，数学就是这么神奇而有趣。

【点评】数学世界是奇妙的，非常高兴你热爱数学。我知道你是个勤于思考的孩子，在生活中还不忘记应用数学知识，继续努力，你一定有更大的收获。

指导教师：孙平

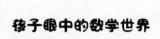

节约用水

六年级（2）班　杨烁

现在我们的国家，已经是一个严重缺水的国家，而身为一个六年级的小学生我却因为一时的马虎而浪费了它。

今天我去奶奶家，走之前去洗手，恰好今天停水，我打开了水龙头，看没有水就忘记关了，从奶奶家回来后，我听见了哗哗的流水声，这才刚刚想起来没关水龙头，浪费了很多水，便赶紧去关上水龙头，我大概计算了一下，水龙头的口直径大约是 1 厘米，每秒大概流了 25 厘米，三天大概是 64800000 秒，3.14 乘 0.5 乘 0.5 乘 6480000=508600 立方厘米，1 立方厘米大约是 1 克，5086800 立方厘米，约是 5 吨，每吨水 7 元，5 乘 7=35 元。

在生活中，我们一定要节约用水，不要像我一样浪费水，不然我们地球迟早会没水的，到时候我们就会后悔，但也没有用了。

【点评】节约用水从我做起。你的行动恰恰做到这个口号！你对数的计算方法更清楚了，一个个精确的数据提醒大家一定要节约用水！

指导教师：孙平

我生活中的数学

六年级（2）班　成浩男

今天中午，我正在做数学作业。写着写着，不幸遇到了一道很难的题，我想了半天也没想出个所以然后。这道题是这样的：有一个长方体，正面和上面的两个面积的积为 209 平方厘米，并且长、宽、高都是质数。求它的体积。

我见了，心想：这道题还真是难啊！已知的只有两个面的面积，要求体积还必须知道长、宽、高，而它一点也没有提示。这可怎么入手啊！

正当我急得抓耳挠腮之际，妈妈来了。妈妈先教我用方程的思路去解，可是我对方程这种方法还不是很熟悉。于是，妈妈又教我另一种方法：先列出数，再逐一排除。我们先按题目要求列出了许多数字，如：3、5、7、11 等一类的质数，接着我们开始排除，然后我们发现只剩下11 和 19 这两个数字。这时，我想：这两个数中有一个是题中长方体正面，上面公用的棱长；一个则是长方体正面，上面除以另外一条棱长（且长度都为质数）之和。于是，我开始分辩这两个数各是哪个数。

最后我得到了结果，是 374 立方厘米。我的算式是：$209 = 11 \times 19$　$19 = 2 + 17$　$11 \times 2 \times 17 = 374$（立方厘米）

解出这道题后，我心里比谁都高兴。我还明白了一个道理：数学充满了奥秘，等待着我们去探求。这样难题才能够破解！

【点评】排他法也是数学中常用的一种思考方法，你是个善于思考的孩子，只有思考了才能提出有价值的问题。坚持下去，奇迹会出现的！

指导教师：孙平

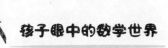

有趣的圆柱体

六年级（2）班　李泽帅

今天我们学习了圆柱体，在课堂上老师告诉我们圆柱体有 3 个面，分别是两个底面一个侧面，老师问我们生活中有什么是圆柱体呢，我们说日光灯灯管、饮水机的水桶、矿泉水瓶、石膏柱子、荧光棒、蛋糕等。之后，老师告诉我们圆柱的面积公式是圆柱体的表面积=侧面积+底面积乘以 2，圆柱体的侧面积=底面周长乘以高，圆柱体的底面周长=直径乘以 3.14，之后再加起来，就是圆柱体的面积，老师提醒我们考试的时候要看好题，如求水桶的面积要少加一个底面积。

之后老师问我们正方体和长方体的体积怎么求？我们说，底面积乘以高，老师告诉我们圆柱体也是：圆柱体体积=底面积×高。

在生活中我们要灵活利用数学的知识，不但会让数学变得有趣，而且可以增长知识。

在生活中我们用学过的知识求出一瓶水的容量，可以看出瓶装水是否装这么多；在建桥的时候，人们用圆柱体支撑，看出圆柱体对人十分的重要。

【点评】你的语言朴实，你是个听话的孩子，看得出你学会了圆柱的表面积和体积，而且有自己的思考。相信你，你能行，你很棒！

指导教师：孙平

神奇的图形

六年级（2）班　陈思雨露

　　周末,我和爸爸一起去楼下的超市买卧室门外的小地毯,到了超市,爸爸看中了一种花色,这种花色的地毯有两种形状：圆形和正方形,服务员阿姨告诉我们,这两种地毯的周长都是一样的, 是 12.56 分米。爸爸说:"反正大小都一样的, 你来挑吧!"我连忙喊道:"我来算算, 看看买哪个比较好。"说着, 我向服务员阿姨要了纸和笔,按老师教过的方法, 算起圆的面积。

　　要算圆的面积先求圆的半径：12.56÷3.14÷2=2 分米, 面积：3.14×2×2=12.56 平方分米。

　　正方形的边长：12.56÷4=3.14 分米, 面积：3.14×3.14=9.8596 平方分米。

　　"即使圆和正方形的周长相等, 它们的面积也不一定相等, 买圆形地毯比正方形地毯要划算。在周长相等的情况下, 圆形面积最大。"我给爸爸讲着, 爸爸听了我的话很惊讶, 一旁的服务员阿姨也连连夸我聪明, 我别提有多高兴了。

　　生活中真是处处有数学, 处处有学问啊!

【点评】你用课本上学到的知识, 解决了生活中的问题, 帮助爸爸买到了合适的地毯。继续努力, 去探索生活中存在的数学问题吧!

指导教师：孙平

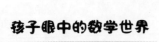

生活中的数学

六年级（2）班　郑许欣

在我们的生活中处处都应用了与数学相关的知识。

记得有一次过年回家吃饺子，有一些饺子包了硬币在里面，爸爸问我："妈妈一共包了 90 个饺子，其中，素馅饺子占全部饺子的 40%，你知道妈妈包了多少个素馅饺子吗？""额，用 90 个饺子乘以 40%等于 36 个饺子，所以妈妈一共包了素馅饺子 36 个。"爸爸又说："没错，聪明！那我再问你一个问题，饺子里的硬币一共有 27 个，占肉馅饺子的多少？"我说："用全部的饺子减去素馅的饺子等于肉馅饺子，肉馅饺子是 54 个，再用 27 除以 54 等于 50%，所以包有硬币的饺子占肉馅饺子的 50%。"

吃饺子时，我吃了 12 个饺子，这时妈妈问我，你知道你吃的饺子占全部饺子的多少吗？我胸有成竹地回答："我吃的饺子占全部饺子的90 分之 12，90 和 12 可以约分，所以我吃的饺子占全部饺子的 15 分之 2。"这时，爸爸妈妈同时夸我真聪明。

生活中处处都充满了数学知识，这些知识需要我们去探索与挖掘。同时，数学也是非常奥秘的，在寻找生活中数学的过程中，使我知道了许多的知识。

【点评】一顿饺子包含了这么多数学知识，你拥有一双智慧的眼睛，发现了许多生活中的数学奥秘。通过日记老师也看出你是优秀的孩子，各类知识触类旁通。加油！

指导教师：孙平

数学中有趣的故事

六年级（2）班　李焓语

关于多少只手套才能配成对的问题，答案并非两只。为什么会这样呢？那是因为在冬季黑蒙蒙的早上，如果我从装着黑色和蓝色手套的抽屉里拿出两只，它们或许始终都无法配成一对。虽然我不是太幸运，但是如果我从抽屉里拿出 3 只手套，我敢说肯定会有一双颜色是一样的。不管成对的那双手套是黑色还是蓝色，最终都会有一双颜色一样的。如此说来，只要借助一只额外的手套，数学规则就能战胜墨菲法则。通过上述情况可以得出，"多少只手套能配成一对"的答案是 3 只。

当然只有当手套是两种颜色时，这种情况才成立。如果抽屉里有 3 种颜色的手套，例如蓝色、黑色和白色手套，你要想拿出一双颜色一样的，至少必须取出 4 只手套。如果抽屉里有 10 种不同颜色的手套，你就必须拿出 11 只。根据上述情况总结出来的数学规则是：如果你有 N 种类型的手套，你必须取出 N+1 只，才能确保有一双完全一样的。

【点评】看到你的日记首先老师被吸引了，然后是被感动了。你的知识树是快乐之树，应用之树，总结之树！你真棒，继续努力。

指导教师：孙平

数学是我们的帮手

六年级（2）班　梁运生

在日常生活中，做每件事情都离不开数学，可见数学与我们的关系是多么的密切呀。

暑假里我跟爸妈到大舅家玩，路上口渴了，爸爸只好到附近杂货店买矿泉水喝。杂货店有个规定：买3瓶矿泉水可以换一瓶矿泉水，一瓶矿泉水卖价1元，爸爸见了掏出10元钱给杂货店老板，说："老板买10瓶水"，水拿到了，我如饥似渴地喝了起来，一会儿就喝掉了二瓶。还没等我回过神，已经有好几个空瓶了。爸爸问我："梁运生，我们用10元钱能换多少瓶矿泉水？"我想：10瓶水喝完，拿9个空瓶子换了3瓶矿泉水，3个空瓶又换了1瓶矿泉水……还剩下两个空瓶子。我高兴地对爸爸说："爸爸，我算出来了，是14瓶矿泉水，还余下2个空瓶子。"爸爸笑了，说："你再想一想！"我若有所思："我们可以再向杂货店老板借一个空瓶子，喝完后再把空瓶还给老板，噢！我们可以喝15瓶矿泉水。"爸爸点头称赞。

数学就是要灵活运用，理论联系实际，只有掌握了数学知识，才能更好地让数学服务于我们。所以我们要学好数学，让数学成为我们学习生活中的好帮手。

【点评】真是个聪明的孩子！你发现，你探究，你总结！数学对你来说是精彩的，你丰富的！老师对你充满了希望，加油啊孩子！

指导教师：孙平

我生活中的数学

六年级（2）班　马可

　　数学是我们生活中不可少的知识，它让我们的生活充满了乐趣。

　　一天下午，我买了一桶薯片，突然产生了一个想法——我想测量薯片桶的体积和表面积。我拿着尺子就量了起来。首先，我量的薯片桶的高大约是 20cm，我记录了下来，然后又量的薯片桶底面直径大约为 6cm，那么半径为 3cm。现在我可以算薯片桶的底面积了。我利用学过的知识来算底面积，用 3.14 乘以半径的平方，也就是 3 的平方 9，乘以 3.14，等于 28.26 平方厘米。底面积算出来后，乘以高 20cm 就能算出体积了。28.26 乘以 20 等于 565.2 立方厘米。那么薯片桶的体积就算出来了，是 565.2 立方厘米。

　　接着，我开始算薯片桶的表面积了，用刚刚得到的表面积 28.26 平方厘米，乘以 2，等于 56.52 平方厘米，得到两个底面的面积后，就要算侧面积了，先算出底面周长，用 3.14 乘以 6，等于 18.84cm ，用底面周长乘以高就是侧面积了，也就是 18.84 乘以 20 等于 376.8 平方厘米。侧面积加上两个底面积就是薯片桶的表面积了，也就是 56.52+376.8 等于 433.32 平方厘米。这个薯片桶的体积和表面积就都算出来了。

　　数学知识对我们真的很重要，所以，我们要好好学习数学知识，好好利用数学知识，因为数学知识对我们的生活有很大的帮助。

【点评】从平常小事中找数学，可见你是个细心的孩子，是个勤于思考的孩子。你能在快乐中学习，在学习中快乐，你真正做到了学有用的数学！

指导教师：孙平

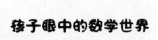

牛吃草问题

六年级（2）班　程怀雅

　　一天晚上，妈妈看我十分无聊，便欢快地和我说："闺女，我给你出一道有趣的数学题吧，活跃一下思维。"我迫不及待地回答："行啊，您说吧，我已准备就绪。"于是妈妈开始了："有一片草地，每天都匀速长出新草，这片青草可供 27 头牛吃 6 周或 23 头牛吃 9 周，那么这片草地可供 21 头牛吃几周？"听完这道题我一脸蒙："呃，牛能不能不吃草呀！"妈妈笑着说："你是不会吧？我来给你个提示，首先这片草地的生长一定，那么能不能求出每周新长草的份数和原有草呢？""噢！我懂了（23×9－27×6）÷（9－6）=15（份）是长出新草份数，162－（15×6）=72（份）是原有草，所以 72÷（21－15）=12（周）对不对？"妈妈赞许地点点头。

　　虽然晚上有点无聊，但是这一道题勾起了我的兴趣，因为它让我学会了一种解答题的办法。还能开拓思维，激发我们对数学的兴趣，数学是学无止境的，不妨以后我们加入有趣的数学阅读吧！

【点评】这个有趣的牛吃草问题是你平时在数学阅读中遇到的，你将这个问题分析的很透彻，一颗智慧的童心在你的笔下跃然纸上。

指导教师：孙平

算小账

六年级（2）班　王辰予

星期天上午，我和爷爷到榆垡物美旁边的药店里买了两盒药片——两盒感冒药一共44元，一盒22元，爷爷付给她一张50元，营业员找给爷爷6元。找好钱后，我用小数加、减法核算了一下。

爷爷还可以这样付：1.先给营业员40元，再付5元，找1元。2.如果爷爷有零钱，可以先付40元，再付4元。通过这次陪爷爷买药，我知道了数学与我们的生活息息相关。

还有一次，我和姐姐一起去超市买东西。我买了一包牛肉干、一瓶牛奶和一瓶汽水，一共花了10元。我们班同学买了一盒饼干和一瓶汽水，一共9元。我们给了店主20元。店主找给了我们2元，我们正要回家时，那个同学说："我还想买10粒泡泡糖。"我就把钱拿了出来，发现店主多给了我1元。我们又回到店里把多找的1元还给了他，店主夸我们是个诚实的孩子，我们听了心里甜滋滋的。

【点评】你在课本中学到了知识，在生活中运用了知识，在学习与运用中徜徉，坚持下去，成功永远陪伴你！

指导教师：孙平

我的数学课堂

六年级（2）班　秦雯

在数学生活中，有许多很难，却又很有意思的题。

在学鸡兔同笼时，老师问了我们一个问题："在一个农场里，一个小朋友想知道农场里有多少只兔子，多少只鸡。农夫告诉他鸡和兔子一共有 78 个脑袋，200 只脚。他左思右想，可是怎么也想不出来，你们能给他些帮助吗？"我们面面相觑，没有一个人可以答出来。"这就是今天我们要讲的题了。"老师继续说道，"可以让农夫'命令'兔子和鸡都抬起一条腿，再'命令'它们把另一条腿也抬起来……""那鸡就没法站着了，哈哈，这个方式好奇怪呀！""这只是一个方式嘛。"……"好了，这位同学说得对，这只是其中一个方式而已，还可以设 x 的。回归正题了，这时所有的兔子只剩两条腿了。所以列式时 200-78×2=44（条），这是所有兔子的两条腿，所以还要除以二，44÷2=22（只），所以兔子有 22 只。拿总数减去兔子的只数就等于鸡的只数，就是用 78-22=56（只），鸡有 56 只。答案是兔子有 22 只，鸡有 56 只！"我听得津津有味，原来难题也有有趣的解决方法呀！

数学中的趣味有很多，但是这些趣味都等着我在数学生活中挖掘！

【点评】从解决"鸡兔同笼"的问题中，体会到了数学的趣味性，善于听讲，善于思考是很好的学习习惯。希望你继续努力，一定会有很大的成功！

指导教师：孙平

我的数学日记

六年级（2）班　王睿

在小学六年生活中，我们学到的数学知识，都是与生活密切相关的。今天我就运用数学知识，解决了生活中的问题。

我去超市买了一个水杯（近似圆柱体），可是我却不知道它能装多少水，于是我就运用了数学知识——计算圆柱体积。首先，我先用尺子将杯子的半径以及高都测量好，它们分别是 3 厘米和 15 厘米，这样我们就知道已知条件了，我们再用 $3 \times 3.14 = 28.26cm^3$，它是底面积。再用 $28.26 \times 15 = 423.9cm$，$423.9cm^3 = 423.9ml$。我终于知道能装多少水了。

这件事情告诉我一个道理，数学就是要灵活运用，理论联系实际，只有掌握了数学，才能解决问题。在此，我也想告诉其他的同学：其实生活中到处都有数学问题，只要你多留心观察，多动脑思考，你就会有很多意外的发现，不信你就自己试一试吧！

【点评】通过看你的日记发现你是个会学习的孩子，买了一个水杯还不忘记用圆柱的体积公式来计算一下。生活中有很多新知识，带上你的智慧继续在数学王国中探索吧！

指导教师：孙平

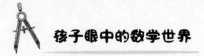
我生活中的数学

六年级（2）班　温杨雨涵

在我们的生活中，处处都要用到数学。比如，在生活中我就经历这样一件运用到数学的事情。

一天，我用 20 元去买东西，买了一瓶 2.5 元的农夫山泉和 5.5 元的乐事薯片，结账时我还买了一包 3.5 元的彩虹糖。听到售货员阿姨说："你好，一共是 11.5 元。"之后，我把 20 元给阿姨，阿姨找我 7.5 元，便急忙给下一个人结账。当我慢慢地走出商店，这才发现不对劲，我给了 20 元，花了 11.5 元，应该找我 8.5 元啊，可是却找了我 7.5 元，少了 1 元。之后，我跑回商店向售货员阿姨讲明了一切。阿姨把 1 元钱给了我。并说明因为人太多，忙着给下一个顾客结账，所以找错钱了。

在生活中，数学无处不在，我们要好好学习数学，把学习的知识运用到生活中，才可以为我们的生活增光添彩。

【点评】生活中处处皆数学，处处用数学。你通过买东西一件小事体会到了数学的用处之大，让我们看到学数学是一件多么快乐的事啊！

指导教师：孙平

超市打折了

六年级（2）班　张天增

　　数学可谓是在我们生活中和我们形影不离的，生活中处处要用到数学。那天，我去超市买饮料，我要买四瓶饮料，每瓶三元。我又发现甲、乙、丙三个超市在不同力度的促销。甲超市买三瓶饮料送一瓶。乙超市按原价的 80%出售。丙超市满五元返一元。到底哪家超市便宜呢？于是我开始算起来。嗯，甲超市买三送一我已购买四瓶饮料那就相当于头了三瓶。三瓶饮料，一共花了九元，相当在甲超市只用九元。乙超市按原价的 80%出售，相当于每瓶是二点四元。四瓶一共花了九点六元。丙超市是满五元返一元，四瓶儿需要花十二元。有两个五元所以用十二减去二等于十元。丙超市十元，乙超市九点六元。甲超市九元，所以说甲超市最便宜。于是我去甲超市买了四瓶饮料，高高兴兴地回家了。回家之后我将这个消息告诉了爸爸。爸爸直夸我聪明。

【点评】在生活中能自觉应用数学知识来解决，老师看出你对数学的热爱和浓厚的兴趣，也看出你知识的扎实。继续努力吧！孩子，相信成功就在不远处等着你呢！

指导教师：孙平

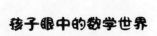

省钱妙招

六年级（2）班　朱黛然

　　周日下午我要去超市买我最喜欢喝的酸奶，还有醋，因为家里要吃饺子。我拿了 20 块钱直奔超市。超市里的物品琳琅满目，我好不容易找到了酸奶，可我却看到那种牌子的酸奶有两种标准。小瓶的酸奶是每瓶二百五十毫升，每瓶六块五。大瓶的酸奶是每瓶十一块八，每瓶450ml，相当于是两块多钱。再用 $11.8 \div 450 \times 50 \approx 1.2$ 元。而 $2.4 > 1.2$ 说明买相同的量小瓶比大瓶贵。得出这个答案后，我果断拿起一瓶标价十一块八的大瓶酸奶。

　　选好酸奶好我又继续找卖醋的地方。我左看看右看看，拿不定主意，因为有许多瓶装的醋和袋装的醋。我又计算了起来：醋，袋装的是两元一包，每包 350ml。而瓶装的是每瓶 480ml，每瓶七元。要先求出每袋醋一毫升多少元。先用 $2 \div 350 \approx 0.0057$ 元。再求出每瓶醋 1 毫升多少元用 $7 \div 480 \approx 0.015$ 元。这样来说，还是袋装的醋比较便宜，我赶紧抓了两袋儿醋与之前拿的酸奶一起去收银台付款，一共要花 $2 \times 2 + 11.8 = 15.8$ 元，剩余 4.2 元。

　　付完款后我提着购物袋高高兴兴地往家里走去，妈妈听了，我买东西是如何做比较的事情后，夸我十分聪明。

　　原来学好数学，不仅仅是要做题还应该在生活中学会如何运用数学知识来解决实际问题。

【点评】精打细算啊小姑娘，读着你的日记，我仿佛看到了你在超市左思右想的样子。你会用所学的数学知识解决生活中的问题，省钱妙招老师也学到手了！

指导教师：孙平